河北省钢铁联合基金（D2014209253）和河北省自然科学基金（D2009000746）联合资助

非层状矿体空间构模与数据存储关键技术研究

Research on Key Technologies of Spatial Modeling and Data Storage of Non-stratified Orebody

刘亚静　米雪玉　陈光　姚纪明　著

U0383769

WUHAN UNIVERSITY PRESS
武汉大学出版社

图书在版编目(CIP)数据

非层状矿体空间构模与数据存储关键技术研究/刘亚静等著. —武汉：武汉大学出版社,2014.8
ISBN 978-7-307-13653-3

Ⅰ.非⋯ Ⅱ.刘⋯ Ⅲ.①矿体—系统建模—研究 ②矿体—数据管理—研究 Ⅳ.P613 – 39

中国版本图书馆 CIP 数据核字(2014)第 144979 号

责任编辑:鲍 玲 责任校对:汪欣怡 版式设计:马 佳

出版发行:**武汉大学出版社** (430072 武昌 珞珈山)
(电子邮件: cbs22@ whu. edu. cn 网址: www. wdp. com. cn)
印刷:湖北睿智印务有限公司
开本: 720 ×1000 1/16 印张:13.75 字数:216 千字 插页:1
版次: 2014 年 8 月第 1 版 2014 年 8 月第 1 次印刷
ISBN 978-7-307-13653-3 定价:30.00 元

前　言

　　三维地质建模与可视化是实现"数字地球"计划亟待研究和解决的关键技术问题之一，非层状矿体三维建模是三维地质体建模的重要分支。由于非层状矿体地质形态的多样性、复杂性和实际信息的匮乏，很难用规则的几何体来描述，地矿工作者无法准确地判断矿体的三维空间几何形态，确定矿体各个部分的品位、质量分布情况，导致了在计算矿产储量方面精度不高。为此，需要一种灵活、简便、快速的理论和方法来建立非层状矿体的不规则模型。我国许多高校和科研院所在地质体三维建模方面作了大量的研究，开发出了一些面向矿山的建模可视化原型系统，这些系统无论是从理论上还是从技术上都尚与国外著名矿山专业软件如 Vulcan，MineScape，Surpac，Datamine 等有相当大的差距，其功能和性能都有待于进一步完善和提高。笔者认为造成这种现状的主要原因是：①国内矿山生产单位，尤其是中小型矿山企业的信息化程度低，仍然以手工二维绘图为主，国外三维软件不太适合于国内普遍的生产方式的要求；②国内面向矿山的三维数据建模理论研究尚未实用化，在非层状矿体三维建模方法上还没有突破，主要是类似国外软件的实体模型和块段模型的真三维混合建模理论研究尚未实用化，导致了不能比较精确地计算矿体的储量；③另外，目前国内外对于三维非层状矿体数据模型的数据存储问题也鲜见论述。从实践意义上讲，对矿体进行真三维建模是非层状矿床开拓生产过程中信息化管理的重点和难点，是矿山发展的迫切要求，从理论意义上讲，是地学三维建模的一个重要分支，同时也是三维 GIS 的一个发展方向。

　　在前人研究成果的基础上，针对存在的问题和缺陷，重点对以下几个方面进行了探索和研究，并得到初步验证：

①基于矢量-栅格一体化数据模型思想，提出了 Solid-Volume-Ana-logical Right Triangular Prism（ARTP），简称 SVA 一体化数据模型，设计其相应的概念模型和逻辑模型。针对利用体元建模出现的占用内存过大问题，提出了从减少数据量和减少数据信息量两个方面入手来对矿体模型进行压缩存储。

②根据地质勘探数据和地质统计学理论，对二维克里格插值算法进行拓展，利用三维克里格插值算法对块段模型的品位进行插值，建立非层状矿体块段模型，研究块段模型的任意剖面的实现方法，以有效进行非层状矿体模型的剖切；并应用立体几何计算公式对矿体的体积与储量进行相对较精确的计算。

③利用表面-体元一体化数据模型建立非层状矿体整体模型，建模过程中充分考虑了对应性、镶嵌、分支以及矿体尖灭、勘探线不平行等问题；采用立体几何的方法来对矿体边界不规则体元体积和储量进行计算。

④利用改进的十进制 Morton 编码方法来对非层状矿体的多分辨率扩展八叉树模型进行编码存储。为了节省矿体模型的存储空间、加快存储和搜索速度，在前人研究的基础上，综合多分辨率八叉树和扩展八叉树模型的优点，采用多分辨率扩展八叉树数据模型进行数据的压缩存储。

⑤利用 SQL Server 作为后台的数据库，VC++和 OpenGL 作为前台开发语言，在北京龙软科技发展有限公司产品——非层状矿床地测空间管理信息系统的基础上，设计并开发一个具有数据采集、处理、矿体建模、压缩存储、矿体三维显示、矿产储量计算等功能的非层状矿体三维信息处理与可视化原型系统。

全书共分为 6 个章节，第 1 章为绪论，阐述了非层状矿体建模的必要性；第 2 章提出了非层状矿体模型的特征，提出了适合非层状矿体建模的一种新的一体化三维数据模型以及相应的数据压缩算法。第 3 章介绍了建立非层状矿体块段模型的关键技术和主要方法。第 4 章阐述了实体模型建立矿体表面模型的原理，为建立复杂非层状矿体表面模型提出了通过交叉平、剖面轮廓线生成控制线的辅助实体法。若矿体有分支现象时，可利用带辅助线的轮廓分支处理算法予以解决；研究了矿体表面和块段模型相交的检测原理和求交点的方法，分析了矿体边界不规则体元的体积求算。第 5 章研发了一种多分辨率扩展八叉树矿体存储模型，可比较有效地实现矿体模型信息的合并压缩存储。第 6 章研发了一个三维非层状矿体建模原型系统，并介绍了初步的实际应用。

作　者

2013 年 12 月

目　录

第1章　绪论 ……………………………………………………………… 1

　1.1　三维 GIS 概述 ………………………………………………… 1

　　1.1.1　二维 GIS 向三维 GIS 转变 ………………………………… 1

　　1.1.2　三维 GIS 的定义 …………………………………………… 1

　　1.1.3　三维 GIS 的特点 …………………………………………… 2

　1.2　三维空间数据模型分类及其在矿体建模中的应用 ……………… 3

　　1.2.1　三维空间数据模型分类 ……………………………………… 3

　　1.2.2　三维空间数据模型在矿体建模中的应用 …………………… 7

　1.3　三维可视化原理与关键技术 …………………………………… 12

　　1.3.1　三维可视化原理 …………………………………………… 13

　　1.3.2　OpenGL 中创建三维图形的步骤及绘制方式 ……………… 17

　　1.3.3　三维几何变换操作 ………………………………………… 19

　1.4　三维数据压缩技术 ……………………………………………… 21

　1.5　地矿三维软件 …………………………………………………… 23

　　1.5.1　国外主要地矿软件 ………………………………………… 23

　　1.5.2　国内地矿软件 ……………………………………………… 29

　1.6　问题的提出 ……………………………………………………… 32

　1.7　本章小结 ………………………………………………………… 34

第2章　非层状矿体空间建模的数据模型与数据结构 ………………… 35

　2.1　非层状矿体数据模型的特征 …………………………………… 35

　　2.1.1　非层状矿体数据模型的基本特征分析 ……………………… 35

　　2.1.2　非层状矿体建模的影响因素 ………………………………… 36

　2.2　矿体表面三维空间构模 ………………………………………… 37

1

2.2.1 2D 三角网建模 ················· 37

2.2.2 实体法建模 ················· 38

2.3 基于体元模型的矿体三维空间构模 ········· 40

2.3.1 规则体元的矿体建模方法 ········· 40

2.3.2 不规则体元的矿体建模方法 ········· 42

2.4 基于表面-体元一体化数据模型非层状矿体空间构模 ·· 48

2.4.1 SVA 模型的提出 ············· 48

2.4.2 基于 SVA 数据模型的矿体构模 ····· 53

2.4.3 SVA 一体化数据模型的优点 ······· 57

2.5 SVA 数据模型的存储 ··············· 57

2.5.1 SVA 一体化数据模型的数据结构 ····· 57

2.5.2 SVA 一体化数据模型的压缩存储 ····· 61

2.6 本章小结 ··················· 63

第3章 非层状矿体块段插值建模关键技术 ········· 64

3.1 三维空间数据插值方法 ············· 64

3.1.1 传统插值方法 ············· 65

3.1.2 地质统计学插值方法研究背景 ····· 66

3.1.3 地质统计学克里格插值方法的优点 ··· 68

3.2 地质统计学理论基础 ············· 69

3.2.1 地质统计学概述 ··········· 69

3.2.2 区域化变量的特性 ·········· 69

3.2.3 变差函数的确定 ··········· 70

3.2.4 克里格插值 ············· 77

3.2.5 最优性检验 ············· 79

3.3 三维矿体块段克里格插值的步骤 ········· 80

3.4 建立矿体块段插值模型的关键步骤 ········· 82

3.4.1 钻孔样品数据离散化 ········· 82

3.4.2 搜索邻域点集算法 ·········· 84

3.4.3 普通克里格矿体块段插值步骤 ····· 86

3.5 矿体内部块段模型的剖切和储量计算 ······· 87

3.5.1 矿体块段模型的剖切 ········· 88

　　3.5.2　矿体内部规则体元体积的计算 ················· 90

　3.6　本章小结 ··· 91

第4章　表面-体元一体化非层状矿体建模关键技术 ········· 92

　4.1　实体模型建立矿体表面模型的优点 ··················· 92

　4.2　基于剖面线建立矿体表面模型 ························· 94

　　4.2.1　多边形凸凹判断 ····································· 94

　　4.2.2　平行轮廓线连接的基本原理 ··················· 95

　　4.2.3　过中心点自动作辅助线法 ······················ 98

　　4.2.4　实体模型建立矿体表面模型原理 ············· 98

　4.3　利用改进的实体模型建立矿体表面模型 ··········· 100

　　4.3.1　交叉平、剖面轮廓线建立控制线 ············· 102

　　4.3.2　带辅助线分支处理算法 ························· 103

　4.4　表面-体元模型一体化建立矿体模型 ··············· 104

　　4.4.1　相交检测规则 ····································· 104

　　4.4.2　三角形和体元的关系 ·························· 105

　　4.4.3　粗略相交检测 ····································· 106

　　4.4.4　精确相交检测 ····································· 107

　　4.4.5　ARTP体元剖分矿体边界不规则块段体元 ······· 109

　4.5　不规则体元体积的计算 ······························· 113

　4.6　本章小结 ·· 114

第5章　表面-体元一体化非层状矿体数据模型的压缩存储 ······· 115

　5.1　传统八叉树模型 ·· 115

　5.2　三维数据编码方法 ····································· 116

　　5.2.1　普通八叉树编码 ································· 116

　　5.2.2　线性八叉树编码和解码 ························· 117

　　5.2.3　深度优先编码 ····································· 119

　　5.2.4　三维行程编码 ····································· 119

　　5.2.5　十进制Morton编码方法 ······················· 120

　　5.2.6　改进的十进制Morton压缩算法 ················· 123

　5.3　多分辨率扩展八叉树模型 ··························· 125

5.3.1　扩展八叉树的建模方法 ……………………… 125

5.3.2　扩展八叉树的特点 …………………………… 126

5.3.3　多分辨率八叉树 ……………………………… 127

5.3.4　多分辨率扩展八叉树的数据结构 …………… 127

5.4　八叉树的数据合并压缩存储 …………………… 129

5.4.1　传统八叉树数据合并过程 …………………… 130

5.4.2　多分辨率八叉树数据合并过程 ……………… 130

5.4.3　多分辨率扩展八叉树数据合并过程 ………… 131

5.5　多分辨率扩展八叉树的矿体模型存储 ………… 132

5.5.1　矿体模型向多分辨率扩展八叉树模型的转化 ……… 132

5.5.2　实例分析 ……………………………………… 134

5.6　本章小结 ………………………………………… 134

第6章　系统开发与应用 …………………………………… 136

6.1　系统的需求分析 ………………………………… 136

6.1.1　系统的生产现状分析 ………………………… 136

6.1.2　系统的功能需求分析 ………………………… 137

6.1.3　系统的服务对象分析 ………………………… 138

6.2　系统的初步设计思路 …………………………… 139

6.2.1　2DGIS 和 3DGIS 数据一体化 ……………… 139

6.2.2　三维系统设计组件化 ………………………… 140

6.2.3　三维数据显示符号化 ………………………… 141

6.2.4　三维数据组织对象化 ………………………… 142

6.3　系统的总体设计 ………………………………… 145

6.3.1　系统的技术路线设计 ………………………… 145

6.3.2　系统的总体结构设计 ………………………… 146

6.3.3　系统的图例库设计 …………………………… 148

6.3.4　系统的可视化交互管理设计 ………………… 150

6.3.5　基础运算库 …………………………………… 150

6.3.6　空间数据库引擎 ……………………………… 152

6.4　系统的数据流程设计 …………………………… 155

6.5　系统功能模块详细设计 ………………………… 158

6.6　地质数据库特点 ·· 166

6.7　地质数据库表结构设计 ···································· 167

6.8　系统功能模块设计 ·· 170

　　6.8.1　空间数据库地测数据管理子系统 ·········· 170

　　6.8.2　二维图形子系统 ·· 171

　　6.8.3　矿体三维建模可视化系统 ······················ 173

6.9　系统的特点 ·· 177

6.10　系统在某铁矿的应用 ······································ 178

　　6.10.1　矿体的赋存情况 ······································ 178

　　6.10.2　矿体模型的建立 ······································ 178

　　6.10.3　模型体积和储量计算 ······························ 185

6.11　本章小结 ·· 186

参考文献 ··· 187

第1章 绪 论

1.1 三维 GIS 概述

1.1.1 二维 GIS 向三维 GIS 转变

地理信息系统（Geographic Information System，GIS）作为信息处理技术的一种，是以计算机技术为依托，以具有空间内涵的地理数据为处理对象，运用系统工程和信息科学的理论，采集、存储、显示、处理、分析、输出地理信息的计算机系统，为规划、管理和决策提供信息来源和技术支持。

二维 GIS 将平面坐标（X，Y）作为独立的参数来表达地物的属性，数学表示为 $F=f(x, y)$，是将现实地理空间的地物和地理现象投影到二维平面上，利用 0、1、2 维空间要素进行表达。二维 GIS 在空间数据的采集、输入、编辑、存储、管理、查询、分析、输出等方面表现出了强大的功能，但其本质上是基于抽象符号的系统，不能给人以自然界的原本感受。人们对地理空间的认识是源于现实的三维地理空间，三维 GIS 可以使人们更加准确真实地认识、感受客观世界，弥补了二维 GIS 对空间数据表达的缺陷，但是不可否认的是，随着二维 GIS 数据模型与数据结构理论和技术的日趋成熟，图形学理论、数据库理论技术及其他相关计算机技术的进一步发展，加上应用需求的强烈推动，三维 GIS 的大力研究和加速发展现已成为可能。

1.1.2 三维 GIS 的定义

从不同的角度出发，GIS 有三种定义：①基于工具箱的定义，认为 GIS 是一个从现实世界采集、存储、转换、显示空间数据的工具集合；

②数据库定义，认为 GIS 是一个数据库系统，在数据库里的大多数数据能被索引和操作，以回答各种各样的问题；③基于组织机构的定义，认为 GIS 是一个功能集合，能够存储、检索、操作和显示地理数据，是一个集数据库、专家和持续经济支持的机构团体和组织结构，提供解决环境问题的各种决策支持。基于工具箱的定义强调对地理数据的各种操作，基于数据库的定义强调用来处理空间数据的数据组织的差异，而基于组织的定义强调机构和人在处理空间信息上的作用，而不是他们需要的工具的作用。

但是，三维 GIS 所处理的对象从二维到三维的转变，不只是意味着数据量的增大，更重要的是会导致出现很多不同的对象类型和空间关系。因此，三维 GIS 的研究不是对二维 GIS 的简单扩展，则其定义也不能只是基于二维 GIS 定义的简单延伸。目前，国际上对三维 GIS 的定义，往往是从与二维 GIS 的区别引申而来，三维 GIS 是布满整个地理空间的 GIS，与传统的基于平面的二维 GIS 不同，尤其体现在空间位置与拓扑关系的描述及空间分析的伸展方向上。本质上，三维 GIS 是将 3D 空间坐标 (x, y, z) 作为独立参数来进行空间实体对象的几何建模，其数学表示为：$F = f(x, y, z)$，Z 与平面坐标 (x, y) 一样，不再像二维 GIS 一样进行平面的投影而将 Z 作为属性。因而，三维 GIS 所建立的模型不仅可以实现真 3D 可视化，还可以进行 3D 空间分析。由此，我们将三维 GIS 定义为：将现实世界中获得的三维采样数据进行输入、存储、编辑、查询、空间分析、模拟并辅助决策支持的计算机系统，其空间坐标 (x, y, z) 都参加图形显示的运算，其空间分析是指描述三维空间位置与拓扑关系。三维 GIS 是从传统二维 GIS 发展而来的，不仅能够表达空间对象间的平面关系，而且能描述和表达它们之间的垂向关系，并需实现对复杂空间对象的管理以及三维空间的分析和操作。当前许多专家从不同的角度对三维 GIS 的功能进行了阐述。学术界对三维 GIS 所具备的功能的定义尚未达成共识，国际上对三维 GIS 功能也尚无确切定义。

1.1.3　三维 GIS 的特点

三维 GIS 的目标是建立一个采集、管理、分析、再现三维空间数据的信息系统。其研究范围涉及数据库、地理信息系统、计算机图形学、虚拟现实等多门学科领域。相对于二维 GIS 而言，三维 GIS 具有 3 个显著的特点：

①显著的可视化效果：三维 GIS 以人们认识地理空间世界的思维方式来展现现实世界，比二维 GIS 表达的现实世界更加复杂，效果逼真；

②海量的空间数据：三维 GIS 应用尤其是不规则地学对象的精确表达通常具有海量空间数据，这种巨大的数据量要求系统对数据库进行有效的管理，具有高效的数据存取性；

③复杂的数据结构：三维空间数据结构是三维空间数据模型的具体实现，是客观对象在计算机中的底层表达，是对客观对象进行可视表现的基础。三维 GIS 不是对二维 GIS 的简单扩展，三维空间中增加了许多新的数据类型，空间关系变得更加复杂。

1.2 三维空间数据模型分类及其在矿体建模中的应用

1.2.1 三维空间数据模型分类

三维空间数据模型研究是三维 GIS 领域内的研究热点和难点，也是空间信息可视化的基础，国内外许多专家学者在此领域做了大量的研究，在过去的十几年中，相继提出了 20 多种空间数据模型，可以划分为 3 类：面模型、体模型和混合数据模型。比较典型的见表 1.1，表 1.2：其中表 1.1 从几何模型的角度对空间构模方法进行了研究，而表 1.2 从几何模型和模型表现形式两个角度对构模方法进行了划分，因此显得更细致、科学、有条理。

表 1.1　　　　　　　　　　空间构模方法分类 1

面模型	体模型		混合模型 (Mixed Model)
	规则体元	非规则体元	
不规则三角网 (TIN)	结构实体几何 (CSG)	四面体格网 (TEN)	TIN-CSG 混合
格网 (Grid)	体素 (Voxel)	金字塔 (Pyramind)	TIN-Octree 混合 或 Hybrid 模型

续表

面模型	体模型		混合模型 (Mixed Model)
	规则体元	非规则体元	
边界表示模型（B-Rep）	八叉树（Octree）	三棱柱（TP）	WireFrame-Block 模型
线框（Wire Frame）或相连切片（Linked Slices）	针体（Needle）	地质细胞（Geocellular）	Octree-TEN 混合
断面序列（Series Section）	规则块体（Regular Block）	非规则块体（Irregular Block）	
断面-三角网混合（Section-TIN mixed）		实体（Solid）	
多层 DEMS		3D Voronoi 图	
		广义三棱柱（GTP）	

表1.2 空间构模方法分类2

	基于面表示的模型	基于体表示的模型		基于面体混合表示的数据模型
		规则体元	不规则体元	
矢量	不规则三角网（TIN）边界表示（B-Rep）线框模型（Wire Frame）断面-三角网（Section-TIN）TIN 形式多层 DEMS 三维形式化数据结构（3DFDS）面向对象三维几何目标数据模型（OO3D）简化的空间数据模型（SSM）三维城市模型（3DCM）	结构实体几何（CSG）	四面体格网（TEN）似（类）三棱柱（QTPV、GTP）地质元细胞（Geocellular）不规则块体（Irregular Block）体模型（Volume）3D-Voronoi 图	不规则三角网-结构几何实体（TIN-CSG）

	基于面表示的模型	基于体表示的模型		基于面体混合表示的数据模型
		规则体元	不规则体元	
栅格	规则格网（Grid） 形状模型（Shape） 格网形式多层 DEMS	体素（Voxel） 八叉树（Octree） 规则块体（Regular Block）		
矢量-栅格集成	格网-三角网混合数字高程模型（Grid-TIN）	针体（Needle）		八叉树-四面体格网（Octree-TEN） 线框模型-块（Wire Frame-Block） 不规则三角网-八叉树（TIN-Octree）

（1）面表示的三维数据模型

基于面表示的数据模型侧重于 3D 空间实体的表面表示，如地形表面、地质层面、构筑物（建筑物）及地下工程的轮廓与空间框架，所模拟的表面可以是封闭的也可以是不封闭的。由于表面建模目的的不同，可以选择不同的基于面表示的模型。其中，基于采样点的 TIN 模型和基于数据内插的 Grid 模型适用于非封闭的表面模拟；而边界模型（B-Rep）和线框模型（Wire-Frame）适用于封闭模型和外部轮廓模型。Section 和 Section-TIN 混合模型及多层 DEMS 等模型通常适用于地质构模。通过表面表示形成三维空间目标轮廓，其优点是便于显示和数据更新，不足之处是由于缺少三维几何描述和内部属性记录而难以进行三维空间查询与分析。

（2）体表示的三维数据模型

真正意义上的三维可以用于描述矿体边界和内部结构的整体表示，通常采用体元分割和真三维的实体表达。体元的属性可以独立描述和存储，因而可以进行三维空间操作和分析，体元模型可以按照体元的面分为四面体（Tetrahedral）、六面体（Hexahedral）、棱柱体（Prismatic）

和多面体（Polyhedral）等类型，也可以根据体元的规则性分为规则体元和非规则体元两大类。规则体元包括结构实体几何（Construction Solid Geometry）、体素（Voxel）、八叉树（Octree）、针体（Needle）和规则块体（Regular Block）共 5 种类型，非规则体元包括四面体格网（Tetrahedral Network）、金字塔（Pyramid）、三棱柱（TP）、地质细胞（Geocellular）、非规则块体（Irregular Block）、实体（Solid）、3D-Voronoi 和 GTP 共 8 种模型。实际应用时应该考虑建模对象的形态与建模要求。当建模对象注重其内部场物质描述时可采用以规则格网单元为体元的模型来表示，例如水体、污染分布、重力场、磁场和环境等问题的构模，其中 Voxel、Octree 模型是一种无采样约束的面向场物质（如重力场、磁场）的连续空间的标准分割方法。当建模对象需要同时考虑边界约束和内部场物质描述时，可采用以非规则格网单元为体元的模型来表示，如不规则块体模型（Irregular Block）、体模型（Volume）。当建模对象为规则几何体且仅注重实体形态表示时可用 CSG 等 CAD 模型。当建模对象为不规则几何体并受采样数据约束和需要进行内部场物质描述时，可采用四面体模型或似三棱柱体模型。

（3）混合数据模型

面模型的构模方法侧重于三维空间实体的表面表示，形成三维目标的空间轮廓，如地形表面、地质层面等，容易为地层及其构造提供精确的空间描述，特别是构造复杂地带或岩石断裂处，其优点是数据量小，便于显示和更新，对单个目标操作简单，三维物体的显示速度快；不足之处是难于进行空间分析，算法实现的难度大，且不能表达体内不均一的特性。基于体模型的构模方法则侧重于实体内部的表达，如矿体、水体、建筑物等，通过对体元的描述实现三维空间的表达，优点是易于进行空间操作和分析，空间物体的相对位置比较容易确定，但存储空间大，计算速度慢，在一定的分解度下，所能描述的空间对象的精度有限，且随着分解率的增加，数据量迅速增加。在地学领域特别是矿山井下系统中大量的极其不规则的断层、地质体、钻孔、矿体、坑道等在三维描述与显示方面非常复杂，用一种数据结构难以准确地表示地矿模型，因此为了既能解释实体内部的不均匀现象，又能满足拓扑关系分析的要求，以及进行布尔操作，国内外的一些学者在这方面做了较多的研究工作，提出了混合数据结构，把两种或两种以上的数据模型结合起来，其中比较典型的有：CSG 与 Octree 结合的混合数据模型，面向对象的矢量和栅格一体化模型，基于 TIN+Octree 的混合型数据模型，四面体和八叉树的混合数据模型，TIN 和 CSG 混合的数据模型，TIN 和 Grid 数据结构，Octree+BR 混合数据模型，Block 与 Wire Frame 混合数据模型。

混合模型可以有三种方式：面模型与面模型混合、体模型与体模型混合、面模型与体模型混合。在城市景观建模中，涉及地形表面和建筑物的建模，可以采用约束 TIN 模型进行地形表面建模，而采用结构实体几何（CSG）的方法描述规则建筑物，但这两种模型的数据是分开存储的，因此 TIN-CSG 模型也是面与体混合模型。在地质研究领域，为了同时描述地质体边界面和地质体内部属性分布，通常以 Wire Frame 模型描述地质体与开挖工程边界，以 Block 模型填充其内部，这两种模型也是分开存放的，因此 Wire Frame-Block 模型是面与体混合模型。而 Grid-TIN 与 Octree-TEN 都是集成式的模型，前者是面与面混合模型，而后者是体与体混合模型。在 Octree-TEN 混合模型中，以 Octree 作整体描述，以 TEN 做局部描述，这样可以借助 Octree 进行数据压缩、建立空间索引，因而可以节省存储空间，便于空间查询；而 TEN 模型可以保存原始观测数据，具有精确表示目标和表示较为复杂的空间拓扑关系的能力。

总的来讲，混合数据模型兼顾了几种数据结构的优点，取长补短，以实现对三维空间对象的完整描述。在地质矿山等领域对提高空间实体的表示精度、处理某些复杂和特殊的空间问题、减少数据量十分有益，因此近年来混合数据模型在地质矿山的应用成为三维 GIS 研究的热点。

1.2.2　三维空间数据模型在矿体建模中的应用

矿体是指赋存于地壳中的具有一定形状、产状和大小，并能从中提取出有用矿物成分的自然集聚体。不同类型的矿体，由于其集聚成因的不同，表现出的矿体形状存在较大的差异。例如，煤矿大多呈现为层状或似层状，稀有金属矿体常常表现为脉状和透镜状。不管矿体的形状如何，它们都是一个三维实体，其表面为不规则曲面，对于非层状矿体，其内部矿体品位分布是不均匀的。目前，矿体的三维数据模型的生成方法有许多，归纳起来主要有以下几种方法：基于平行轮廓线的三维重建、移动立方体法、断面构模法等表面构模的方法以及四面体格网构模、似三棱柱构模、块体建模等体元构模方法和 TIN+ARTP 等混合数据模型构模方法。

轮廓线连接进行三维表面重建自 20 世纪 70 年代提出以来，已有许多人从不同的角度提出了各种算法。首先，人们考虑由相邻的两层轮廓线重构三维实体问题，进而可以实现对一系列的轮廓线进行三维重构，如果在相邻两层上有多条轮廓线，则为多轮廓线重构问题，此时需要解决轮廓线之间的对应问题和分支问题，这较之单轮廓线的重构复杂得多，实现轮廓线之间的三维表面模型重构就是用一系列相互连接的三角面片将上、下轮廓线连接起来，建立形态上完美，且功能上比较完善的三角形网络，以此来描述矿体的表面。有关的算法有很多，如最短对角线法，最大体积法，相邻轮廓线同步前进法等。北京大学遥感所的李梅、毛善君等人利用该方法来建立任意非层状矿体的实体模型，但是没有涉及矿体内部的信息。

移动立方体法（Marching Cube）是一种体素级重建三维物体表面的方法，采用等值面的思想，以体素作为最基本的处理单元，在物体表面通过在每一个体素内构造三角面片作为等值面，作为体素内的一个逼近表示，物体表面由许多的三角面片组成。该方法是逐个体素依次处理的，构造三角面片的处理过程需要将每一个体素扫描一遍，就好像一个处理器在这些体素上移动一样，因此被命名为"移动立方体法"。北京科技大学僧德文等人采用改进的移动立方体法模拟了非层状矿体表面的形态，便于矿体的选择性获取。基于体元充填的方法描述了矿体的内部特征（如矿体的品位空间特征），有利于矿体体积和储量的计算。

断面模型（Series Sections）实质是将传统的地质制图方法采用计算机的方式实现，即通过平面图或剖面图来描述矿床，记录相应的地质信息。断面构模可以通过两种方式来阐明，一种是重视人工方法的计算机技术，即通过投影面间的矿体或地质轮廓线来计算其体积，并计算轮廓线内的平均品位。计算机程序能够再现计算多边形面积的人工方法，并把此面积投影到与其相邻的断面间距的一半处。计算机程序所提供的其他功能包括连接断面间的关键点，通过建立三维形态拟合其体积。另外一种断面构模方法是利用断面上的数字化地质信息，把地质轮廓线转化成二维或三维块段模型。断面上的数字化地质边界可以叠加到块段模型上，并赋予块段限定了的面积，其结果通常称作"岩石模型"。当把地质轮廓线（或边界）加在块段模型上时，首先确定某一块段是否处在模型边界上，然后为它赋值或赋予某种地质符号。但是该方法在矿床的表达上是不完整的，对于复杂矿体，其效果并不理想，往往需要与其他构模方法配合使用。此外，由于采用的是非原始数据，往往存在误差，其构模精度有时难以满足工程的需要。

四面体格网法（TEN）是 2.5 维 TIN 表面法向三维空间的延伸。在三维空间中，三点可以形成一个三角平面，多个三角平面可以构成地质体的表面；同样，四个点可以形成一个四面体，多个四面体可以构成地质体实体。四面体法是多面体法的一种，属于体描述方法，四面体是体元素的最小单元，任何变形地质体总是可以划分为一定数量的不规则四面体，四面体法的数据结构描述各四面体的空间形态及其相互之间的拓扑关系。中国地质大学的杨三女做过四面体格网剖分的研究，但未见其实际应用。同济大学赵勇研究了三维 Delaunay 四面体剖分方法并将它应用到地质建模中。北京大学孙敏等人做过基于四面体格网的三维复杂地质体重构的基础研究。四面体格网法可以被用来描述复杂的地质体，但是用它来生成三维空间曲面比较困难，在四面体的分解过程中由于分解二义性的存在，因此，三维等值面的拓扑仍然存在二义性。

三棱柱构模（TP）是一种较常采用的简单的 3D 地学空间构模技术，但由于三棱柱模型的三条棱边相互平行，而且缺乏拓扑描述，因此只适用于垂直钻孔或简单的浅层地质层位模拟和可视化。三棱柱模型主要是用来进行工程地质的建模，数据来源是较浅的垂直钻孔数据。但在地质和采矿工程中很多钻孔深度超过 100m，这就经常存在偏斜，钻孔轨迹为空间曲线，TP 模型不再适用。

吴立新教授针对地质钻孔的偏斜特点，提出了一种不受三棱柱边平行限制的新 3D 构模方法，称为类三棱柱构模技术（GTP），现在已经发展成为广义三棱柱构模技术，TP 模型只是其中一个特例。GTP 构模原理是用 GTP 的上下底面的三角形集合所形成的 TIN 面来表达不同的地层面，然后利用 GTP 侧面的空间四边形面来描述层面的空间邻接关系，用 GTP 柱体来表达层与层之间的内部实体。程鹏根、雷建明等人对似三棱柱的三维空间建模方法进行了研究，并利用优化的模型精确模拟地层或矿层等空间对象的表面，而且可以有效地表达内部结构，并达到表面和内部的统一。

　　20 世纪 60 年代初期，美国 Kennecott 铜矿公司首先提出了块段模型，该模型是一种面向非层状矿体的分割矿体、模拟矿体内部特征的有效数据模型。它把矿体划分为一系列的长方体单元，然后把这种小长方体单元堆砌起来用以模拟矿体内部特征，长方体的尺寸确定原则是使每个小长方体中单元的属性相同，每一个带有属性的长方体单元被称为块或单元块，且该属性代表了矿体该位置的内部特征，假定各个块段在各个方向上都是相互邻接的，即模型没有间隙，这样，所有小长方体单元的属性变化规律就是整个矿体的特征变化规律。到目前为止，该技术仍然被认为是描述三维空间成渐变的品位或质量的空间分布的最佳技术，它的主要特点是形态简单、规律性强，有利于品位和储量的估算；不过很明显的缺点是描述矿体形态的能力差，尤其是复杂矿体的描述边界的误差非常大。为了提高块段模型建立矿体模型的精度，吴健生博士提出了把块段模型的单元块分成"根块"和"枝块"，"根块"是指模型中允许的最大的长方体块；"枝块"是"根块"或"枝块"被分割后形成的尺寸更小的长方体块。"根块"的大小是根据钻孔间距、采矿方法、地质条件及研究需求来确定的。"根块"尺寸越小，越能模拟矿体的自然形态。采用"根块"的模拟方法可以提高计算机的效率，降低程序实现的难度，但如果单纯采用"根块"模拟，无法精确模拟矿体的边界。因此，需要利用"枝块"的方法来进一步细化模型。同时，"枝块"可以进一步分割成尺寸更小的次级"枝块"……直至满足需要。显然，这样"逐步细化"块段的不足在于：矿体边界局部细化是有限的，编程实现难度大，同样不能精确地表示矿体的边界。

　　上述数据模型有的是用来建立矿体的表面模型，有的是用来建立矿体的体元模型。同时，国内外也有很多应用混合数据模型进行矿体建模的研究。

　　熊伟、毛善君专门针对煤矿地层、巷道和钻孔等三维空间对象进行研究，结合基于面的数据模型和基于体的数据模型的优点，提出了基于TIN 和似直三棱柱（Analogical Right Triangular Prism，简称 ARTP）的三维数据模型。其中，TIN 可以用于表达边界和面信息；而 ARTP 可以用于将空间对象剖分成一系列邻接但不交叉的体元的集合，描述空间对象的内部特征，但是该三维数据模型专门针对于层状矿床领域。

　　曲中财结合多层 TIN 模型结构简单，建模及模型重构方面适合复杂地质体建模的优点和 GTP 模型空间几何操作简便、空间分析能力强的特点，提出了多层 TIN-GTP 混合数据模型，从而实现了对复杂地质体模型进行模拟。

　　中南大学的毕林分析了现有的三维模型在矿山描述对象建模中存在的问题和不足，提出采用结构建模与属性建模相结合的松散型建模方案，并通过不规则三角网（TIN）表达结构模型，采用八叉树结构表达属性模型，实现了矿体边界随边界品位改变的动态更新，矿山属性模型随地质属性进一步探明的动态更新，矿山三维模型的剖切、探测、体积量算等技术。

　　Surpac 软件是主要面向采矿和勘探应用的三维软件，在三维数据生成方面基本上是根据空间点或线采用交互的方式生成三角网表达的曲面，或者根据空间的一组平行轮廓线连接形成空间曲面，进一步构造矿体的表面，另外，它提供从轮廓线生成有分支现象的单个体的功能，根据生成的三维矢量数据，Surpac 可以进一步生成栅格数据模型，利用块模型来进行资源建模，每个块的属性可以量化和描述。加拿大 MicroLYNX 在进行地学建模和数据生成时也采用了类似的数据生成思路。

　　LYNX 系统提出的实体建模技术则是通过对离散点采样、钻孔采样点、测井纪录、TIN 模型、三维栅格结构和探槽采样等空间数据的综合处理，产生 Section（剖面）模型、Volume（体）模型、Polygon（多边形）模型、Block（块）模型、Grid（格网）模型和 Surface（面）模型。LYNX 系统利用 Section 模型计算矿藏储量、构造复杂地质体、矿井、巷道等地面和地下采矿建筑设施，利用 Volume 模型对地质体进行任意方向切割，从而表达任意复杂程度的地质体。

　　从以上分析的国内外研究现状可以看出，目前矿体建模方法可分为三大类：表面建模方法、内部体元建模方法和面-体混合建模方法，其中面和体混合实际上是矢量-栅格一体化建模思想的雏形。表面建模方法大多是通过三角形面片等来精确地表示出矿体的外表面，并以此实现对矿体的空间几何形态的表示，目前应用广泛，可被分为边界表示模型、等高线模型和 TIN 模型。利用表面建模方法建立矿体模型仅仅能反映矿体的表面形态，无法对矿体内部进行空间属性查询，也无法进行较精确的储量计算等操作，因此需要对矿体内部的体元进行建模。内部体元建模方法是用任意形状的体素划分矿体，其最大的优点是操作算法简单，尤其是未经压缩的标准体元的数据结构简单、通用，对体内的不均一性具有一定的表达能力，空间分析容易实现，不足之处是对空间目标的边界描述效率较低，数据量大，存在大量的数据冗余，计算速度慢。由于非层状矿体构造形态的多样性，单一的建模方法很难对各类空间实体进行有效的描述。因此，将上述两种建模方法集成起来，先用表面建模方法建立矿体的层面和边界，然后运用体元建模法构建矿体的内部模型，进而完成矿体的整体描述，这是一种解决非层状矿体构模的很好的思路。它既能保证模型的精度，又能够有效地描述矿体内部的属性，是当前大多数矿体建模软件的发展方向。但是，已有的混合数据模型并没有实现真正的一体化，两种模型之间的联系没有建立起来，没有实现互动；同时，表面和体元混合的方法建立矿体模型，不可避免地继承了体元建模法的不足，即需要大量的存储空间，因此要对它的数据进行压缩，主要方法是要对矿体模型的数据结构进行变换。

1.3 三维可视化原理与关键技术

可视化是利用计算机图形图像技术和方法，对大量数据进行处理，并以图形图像的方式具体、形象地将数据处理过程和结果进行可视化显示，为用户提供直观的结果，使对空间数据的观察更为直观。目前，可视化技术的研究热点主要表现在以下几个方面：

①体可视化技术。包括体图形学、体绘制技术，体数据转换技术、体元的实时绘制和并行计算等。

②数据建模技术的研究。包括体元模型、等位面的构造、多尺度数据模型、采样数据模型、基于模型的分割和绘制技术等。

③可视化交互手段与工具的研究。包括感知和认知技术、交互性探讨、折中的可视化技术、虚拟显示界面、自动可视化技术等的研究，实现模拟和计算过程的交互控制和引导。

④可视化基础理论的研究。包括模型的研究，如数据模型、视觉模型等，以及显示算法和数据结构的研究，对于算法和数据模型、数据结构上一个小小的改进都可能在图像显示速度方面迈进一大步。

我国有不少学者开展了这方面的研究，然而大部分是研究地形三维可视化技术，真正研究地质与矿山三维可视化技术的不多。比较有影响的有：北京科技大学侯景儒、北京大学遥感所刘燕君、毛善君等人进行了地下三维可视化技术的框架研究；并且有部分学者在地下三维可视化建模及三维设计造型等具体技术方面做了大量的研究开发，如中南大学的陈建宏提出了基于钻孔数据的勘探线剖面图自动生成方法，中国矿业大学曹代勇等人利用 OpenGL 研究三维地质模型可视化；芮小平等人提出构建三维 GIS 的思路；李青元等人讨论了单一体划分下的三维 GIS 矢量结构概念模型和拓扑关系，夏炎提出了三维空间数据结构——多面体编码方案。国内的专家侧重于三维数据模型和数据结构的研究。

近年来，矿业领域的可视化技术研究日益受到关注。利用该项技术不但可以构建矿体形态模型、进行矿体储量计算，还可以用来了解矿区深部、边部矿脉的找矿预测，指导各类勘探工程的合理布置，减少矿产资源勘探的风险。可视化技术在矿体建模过程中的应用使很多信息直观地被表达出来，高效快速地解决实际的工程问题。采用可视化技术可以使大量的地质勘探数据库资料和测井资料得到利用，构造出矿体的真实形状，构造感兴趣矿体的剖面、平面、立面的信息，并可以根据不同的颜色显示出矿体不同部分的属性的区别，可以使专业人员正确地解释地质原始数据，得出矿体存在的位置和计算储量大小，这不仅有助于地质、测绘工作者分析和考虑各方面的因素，指导工程的设计和施工，而且可以提高采矿设计的速度和质量。

1.3.1 三维可视化原理

（1）三维数据的映射过程

三维图形生成可以看作是完成多种三维数据映射操作的流水线，如图 1.1 所示。三维数据包括几何数据、属性数据和图像数据，几何数据就是点、线、多边形、曲面、体元等几何元素数据。属性数据就是获取的空间信息属性，如品位等。图像数据就是以像素存储的图像。从图 1.1 中可以看出，三维数据的映射过程包括数据获取、数据预处理、数据建模、数据映射、数据绘制和数据显示。

从图 1.1 中可以看出，三维图形的生成首先从原始数据的获取开始。全球定位系统（GPS）、数字全站仪（DTS）、数字摄影测量系统（DPS）、卫星遥感（RS）、合成孔径雷达（SAR）构成了数据获取的主

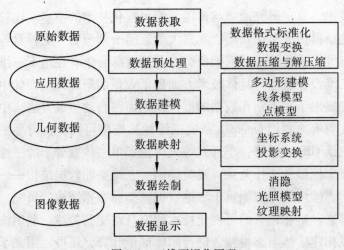

图1.1　三维可视化原理

要技术体系。这些技术的进步使得我们可以更加迅速和精确地获得 GIS 数据。三维数据的获取远比二维数据的获取复杂得多。由于增加了第三维信息，导致描述空间几何对象的几何数据（坐标、形状、大小）的信息量剧增，在数据建模之间，也必须考虑空间对象的属性信息、拓扑信息、语义信息和数据组织关系。总之，三维数据获取的难度和工作量都比二维要大。目前，地理信息系统的三维数据获取方法有：从二维图形中转换、传统测量方法、航空摄影测量方法、三维实景扫描、野外勘探方法、三维地震方法等。这些数据可以分为空间几何数据和属性数据。几何数据用来表示三维对象的形状，如点、线、多边形、曲面等。属性数据则用不同的颜色、深浅、纹理等表示。面向矿山的三维 GIS 数据获取主要集中在地质勘探数据、地震数据、测量数据以及三维地质模型重构等方面。

　　在数据获取后，需要对数据进行预处理，将海量的原始数据转换成为可视化需要的标准数据。空间信息可视化的原始数据可以分为数值数据和影像数据。例如，测量数据和三维扫描仪数据属于数值数据，卫星遥感影像、计算机扫描图像、纹理数据等属于影像数据。预处理主要包括原始数据处理、数据格式标准化、数据格式转换、数据变换、数据压缩和解压缩等内容。

　　数据的建模模块主要是实现数值数据到几何数据的转换，实际上就是三维数据的建模。针对不同特点的数据可以采用不同的建模方法，真三维地理信息系统的三维对象的建模采用体素作为基本造型元素，体绘制也可以被称为直接体绘制，例如实体几何法、边界表示法、八叉树、四面体等。

数据的映射模块的功能是将三维几何建模数据通过一系列矩阵变换转换成二维图像数据。数据的映射主要是模拟相机照相的过程。将三维物体从世界坐标系变换到观察坐标系，从观察坐标系再进行投影、规范和裁剪。映射模块主要研究计算机图形学中的三维数据投影、平移变换、旋转变换、缩放变换、裁剪等算法。

数据的绘制模块解决了图像真实感的显示问题，主要绘制方法包括消隐、明暗处理、光照模型、纹理映射和颜色模型等。这些绘制方法使得可视化的内容更加逼真和直观。

（2）标量可视化

在三维矿体建模中，对于不同的矿石品位等属性数据，需要在三维模型的基础上用颜色来表示属性分布。颜色映射是目前最常见的标量可视化技术。标量可视化是指将标量表示为颜色并显示在屏幕上。标量映射通过颜色查找表（Color Lookup Table）来实现。标量作为查找表中的索引。

颜色查找表的工作模式如下：查找表是一组颜色值的数组。查找表的最大值和最小值都与标量具有映射关系。当标量大于查找表最大值，被映射到最大颜色值。当标量小于查找表最小值，被映射到最小颜色值。也就是说，每一个标量值数据都会被映射到颜色表上，如图 1.2 所示。

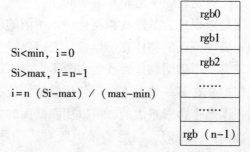

$S_i < min,\ i=0$

$S_i > max,\ i=n-1$

$i = n\ (S_i - max)\ /\ (max - min)$

rgb0
rgb1
rgb2
……
……
rgb（n−1）

图 1.2 将标量通过颜色查找表找到颜色值

颜色查找表的更广的应用形式为一个转换函数。转换函数是一个表达式，能够将标量值变为颜色对应值。同样的，转换函数不仅能够映射颜色信息，还可以映射透明度等。

颜色查找表就是转换函数在某些离散点上的采样值。选择合适的颜色查找表对于标量可视化十分重要，合理的颜色搭配往往能够突出数据的重要特征。例如，一个从蓝色到红色的色带往往用来表示温度，大部分人将蓝色和冷联系到一起，而将红色和热联系到一起。

（3）透明显示技术

将矿体表面模型和内部模型进行叠加时，为了看到被遮盖的矿体体元模型，需要将遮盖的物体进行透明显示。真彩色的 32 位颜色模式显示的颜色模式中有 8 位来存储 α 值。α 值控制了显示的透明程度，透明度值的范围是 0.0（完全透明）至 1.0（完全不透明）。当设置透明时，只要给定显示顶点的透明程度即可。在融合技术中，所绘制的物体每一片段的 α 值都反映了该物体的透明度。使用融合方程 $C_{out} = C_{arc} + A_{arc} + (1 - A_{arc}) \times C_{dat}$，可以将每一片段值与帧缓存中的值进行结合。为了确保 α 融合技术得到正确的结果，透明的图元必须以由后向前的顺序绘制，即显示在后面的物体先绘制，显示在前面的物体后绘制，并且彼此之间不能交叉。例如，准备绘制两个物体 obj1 和 obj2，它们的颜色和 α 值分别为：C_1，C_2 和 A_1，A_2。假设 obj2 位于 obj1 的前面，并且帧缓存被清为黑色。如果 obj2 先绘制，obj1 根本就不会被绘制，除非深度缓存被关闭。一般来说，关闭深度缓存是不恰当的做法，但即使是深度缓存被关闭了，仍然得不到正确的显示结果。在 obj2 被绘制后，帧缓存中的颜色值将会是 $C_2 \times A_2$，当绘制完 obj1 后，颜色值变为 $C_1 \times A_1 (1-A_1) \times C_2 \times A_2$。但如果 obj1 先绘制的话，颜色值将会是 $C_2 \times A_2 (1-A_2) \times C_2 \times A_2$。因此，物体绘制的先后顺序是非常重要的。

事实上，排序是以视点为基准的深度排序，所谓的前面和后面是相对于视点而言的。离视点近的物体在前面，反之，离视点远的物体在后面。如果场景中只有一个透明物体，或者多个不重叠的透明物体，那么绘制起来就比较简单。在某些情况下可以使用简便快捷的方法。如果这些物体是封闭的、由凸多边形组成的，可以用隐藏面的方法，先绘制后向多边形，再绘制前向多边形。如果场景中既有透明物体，又有不透明物体，情况就比较复杂了。必须注意物体绘制的先后顺序，应该先以任意的顺序绘制背景和不透明物体，同时打开深度测试和深度缓存更新，禁止融合；然后，再以由后到前的顺序绘制透明物体。这时，应该打开融合和深度测试，禁止深度缓存更新，以保证透明物体不会相互遮挡。

（4）坐标体系

图形渲染引擎虚拟场景包含了三种不同类型的三维坐标系统：世界坐标系，本地坐标系和视图坐标系。

世界坐标系是矿体建模虚拟场景中的地理空间坐标系，x 轴正方向向东，y 轴正方向向上，z 轴正方向向北，三维矿体建模系统下的各个基准点的空间信息都是这个坐标系下的。

本地坐标系也可以称为节点坐标系或者对象坐标系，每个节点都拥有自己独立的本地坐标系。本地坐标系是以场景节点的基准点为原点，根节点的本地坐标系就是世界坐标系。而节点树状结构中，每一个节点都存储了其本地坐标向其父节点本地坐标空间变换的变换矩阵，通过不断向上迭代运算，就可以将本地坐标转换到根节点的本地坐标空间，也就是世界坐标系中。

视图坐标系则是观测视图中的坐标系，以相机位置为原点，x 轴正方向为视图左方向，y 轴正方向为视图的上方向，z 轴正方向以左手定则确定，与 x、y 轴正交。视图坐标系坐标表达了地理实体相对观察者的位置关系，通过相机的视图矩阵，便可以将世界坐标系坐标转换到视图坐标空间。

此外，还有一类二维坐标系统，即屏幕坐标。屏幕坐标表示像素点在屏幕上的位置，通过相机的投影矩阵，可以转换到视图坐标空间，再通过视图矩阵转换到世界坐标系中。

1.3.2 OpenGL 中创建三维图形的步骤及绘制方式

（1）创建三维物体的步骤

①建模：包括几何建模和行为建模。几何建模处理物体的几何和形状的表示，行为建模处理物体的运动和行为的描述。

②设置视点：描述观察者的空间位置，并设置投影体，把物体放在三维空间中适当的位置。

③设置环境：描述环境的特征，如光源、空气能见度等。

17

④把物体模型及其色彩信息以及场景描述转换成计算机屏幕的像素，即光栅化。

（2）绘制模式

OpenGL 的绘制过程多种多样，以下是几种对三维物体的绘制方式：

①线框绘制方式（Wire Frame）：绘制三维物体的网格轮廓线。

②深度优先线框绘制方式（Depth Cued）：采用线框方式绘图，使远处的物体比近处的物体暗一些，以模拟人眼看物体的效果。

③反走样线框绘制方式（Antialiased）：采用线框方式绘图，绘制时采用反走样技术，减少图形线条的参差不齐。

④平面明暗处理方式（Flat Shading）：对模型单元按照光照进行着色，但不进行光滑处理。

⑤光滑明暗处理方式（Smooth Shading）：对模型按光照绘制的过程进行光滑处理。

⑥加阴影和纹理的方式（Shadow and Texture）：在模型表面贴上纹理或者加上光照阴影效果。

⑦运动模糊绘制方式（Motion Blured）：模拟物体运动时人眼观察所感觉到的动感模糊现象。

⑧大气环境效果（Atmosphere Effects）：在三维场景中加入雾等大气环境效果。

⑨深度域效果（Depth of Effects）：模拟照相机效果，使物体在聚焦点处清晰。

（3）OpenGL 绘图原理

OpenGL 工作流程如图 1.3 所示，用户指令从左侧进入 OpenGL，指令分为两部分：一部分指示画指定的几何物体，另一部分则指示在不同的阶段怎样处理几何物体。许多指令很可能被排列在显示列表中，在后续时间里对其进行处理。通过评价器计算输入值的多项式函数，来为近似曲线和曲面等几何物体提供有效手段，然后对顶点描述的几何图元进行操作。在此阶段，对顶点进行转换、光照，并把图元剪切到观察体中，为下一步光栅化做准备。光栅化产生一系列图像的帧缓存地址和图元的二维描述值，其生成结果称为基片，每个基片适于在最后改变帧缓存之前对单个的基片进行操作。这些操作包括根据先前储存的深度值进行有条件的更新帧缓存，进行各种测试以及融合即将处理的基片颜色与已经储存的颜色，进行屏蔽，对基片进行逻辑操作和淡化。

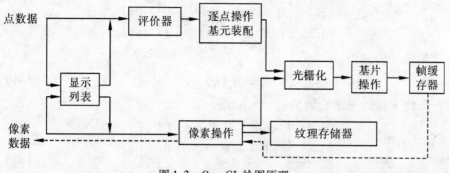

图 1.3 OpenGL 绘图原理

1.3.3 三维几何变换操作

三维几何变换操作包括平移、旋转和缩放等。

（1）平移

在三维齐次坐标中，任意点 $P(x, y, z)$ 可以用以下的矩阵运算而变为点 $P'(x', y', z')$；

$$\begin{bmatrix} x' \\ y' \\ z' \\ 1 \end{bmatrix} = \begin{bmatrix} 1 & 0 & 0 & t_x \\ 0 & 1 & 0 & t_y \\ 0 & 0 & 1 & t_z \\ 0 & 0 & 0 & 1 \end{bmatrix} \cdot \begin{bmatrix} x \\ y \\ z \\ 1 \end{bmatrix} \tag{1.1}$$

更简洁的公式为

$$P' = T \cdot P \tag{1.2}$$

参数 t_x、t_y、t_z 用来指定 x、y、z 坐标方向上的移动距离。它们都是实型。三维空间中物体的平移通过平移物体的各个点来完成。

（2）旋转

物体作旋转变换时，必须制定一个旋转轴（物体将绕旋转轴旋转）和旋转角度。二维旋转仅发生在 xy 平面上，三维旋转则要指定围绕空间任意直线进行。

绕 x 轴的三维旋转为：

19

$$\begin{bmatrix} x' \\ y' \\ z' \\ 1 \end{bmatrix} = \begin{bmatrix} 1 & 0 & 0 & 0 \\ 0 & \cos\theta & -\sin\theta & 0 \\ 0 & \sin\theta & \cos\theta & 0 \\ 0 & 0 & 0 & 1 \end{bmatrix} \cdot \begin{bmatrix} x \\ y \\ z \\ 1 \end{bmatrix} \tag{1.3}$$

更简洁的公式为：

$$P' = R_x(\theta) \cdot P \tag{1.4}$$

绕 y 轴的三维旋转为：

$$\begin{bmatrix} x' \\ y' \\ z' \\ 1 \end{bmatrix} = \begin{bmatrix} \cos\theta & 0 & \sin\theta & 0 \\ 0 & 1 & 0 & 0 \\ -\sin\theta & 0 & \cos\theta & 0 \\ 0 & 0 & 0 & 1 \end{bmatrix} \cdot \begin{bmatrix} x \\ y \\ z \\ 1 \end{bmatrix} \tag{1.5}$$

更简洁的公式为：

$$P' = R_y(\theta) \cdot P \tag{1.6}$$

绕 z 轴的三维旋转为：

$$\begin{bmatrix} x' \\ y' \\ z' \\ 1 \end{bmatrix} = \begin{bmatrix} \cos\theta & -\cos\theta & 0 & 0 \\ \sin\theta & \cos\theta & 0 & 0 \\ 0 & 0 & 1 & 0 \\ 0 & 0 & 0 & 1 \end{bmatrix} \cdot \begin{bmatrix} x \\ y \\ z \\ 1 \end{bmatrix} \tag{1.7}$$

更简洁的公式为：

$$P' = R_z(\theta) \cdot P \tag{1.8}$$

（3）缩放

点相对坐标原点的缩放变换矩阵表示为：

$$\begin{bmatrix} x' \\ y' \\ z' \\ 1 \end{bmatrix} = \begin{bmatrix} S_x & 0 & 0 & 0 \\ 0 & S_y & 0 & 0 \\ 0 & 0 & S_z & 0 \\ 0 & 0 & 0 & 1 \end{bmatrix} \cdot \begin{bmatrix} x \\ y \\ z \\ 1 \end{bmatrix} \tag{1.9}$$

更简洁的公式为：

$$P' = S \cdot P \tag{1.10}$$

其中，缩放参数 (S_x, S_y, S_z) 为一指定正值。

缩放时的物体大小相对于原点发生了变化，如果参数不相同，则物体的相关尺寸也将发生变化。所以，对于给定的点 (x_f, y_f, z_f) 的缩放变换可以用下面的变化序列来表示：

①平移给定点到原点；

②用上述方程缩放物体；

③平移给定点到原始位置。

在 OpenGL 环境下，这些三维几何变换可以通过相关的函数调用来实现。其中，函数 glTranslate（）实现平移变换，函数 glRotate（）实现旋转变换，函数 glScale（）实现缩放变换。

1.4　三维数据压缩技术

在二维空间中，对于栅格空间数据压缩的核心是尽量减少像元数量的存储，其方法分为三大类，即从减少记录像元的数量入手，或从减少像元的记录信息量入手，以及两者的结合。实用方法有游程长度压缩、差分映射压缩、常规四叉树压缩、线性四叉树压缩和二维行程压缩等。

在三维空间中，对体元的空间数据进行压缩成了当前迫切需要研究的问题，八叉树是 Hunter 博士 1978 年在其博士论文中提出的概念，类似于二维中的四叉树和 Grid 模型，实质是对三维体元模型进行了压缩改进。20 多年来，在数据建模研究中人们一直特别关注这种八叉树模型，它是一种基于规则八分原则，采用递归分解方式形成的分层树型结构，是二维空间中的四叉树结构在三维体元空间中的拓展，八叉树最初应用于三维实体建模领域，此后，作为一种高效的三维空间索引，在基于矢量的面图形学领域得到广泛应用。近年来，随着计算机体图形学的发展，八叉树作为一种体数据压缩和实体模型重新得到了重视和研究，许多国内外学者对八叉树的原理和应用进行了广泛而深入的研究，如八叉树的遍历和查询、邻域查询、集合运算、压缩表示和渐进传输以及体绘制等。

八叉树的编码和实现方式主要有常规/指针八叉树、线性八叉树、深度优先编码和三维行程编码等。其中，常规八叉树通过对三维空间的几何实体进行体元剖分，每个体元具有相同的时间和空间的复杂度，通过循环递归的划分方法对大小为 $2N \times 2N \times 2N$ 的三维空间的几何对象进行剖分，从而形成一个具有根节点的方向图。在八叉树模型中如果被划分的体元具有相同的属性，则该体元构成一个叶节点；否则对体元进行剖分成 8 个子立方体。对于中间节点采用黑色、白色和灰色予以标识，其中白色不属于所描述的对象，黑色完全属于所描述的对象，而灰色则是部分属于部分不属于，是需要再分解的单元，因此叶节点的属性描述一般采用黑色、白色予以标识。很明显，这样对物体进行描述是非常复杂的。由于大量指针的存在，导致存储空间占用过多。因此，为了节省存储空间，一些学者提出了线性八叉树模型，划分规则和普通八叉树一样，但是只存储那些属于所描述对象的黑色节点和该节点与根节点之间的路径关系。叶节点采用了 Morton 编码，并且按照顺序存放，存储空间占用较少，但访问效率较差。深度优先编码和三维行程编码的空间压缩效率更好，但是由于查询效率方面的问题，在实际中应用并不多。为了保证高效的查询效率和数据压缩效率，北京大学吕广宪、潘懋等人提出了虚拟八叉树模型，对指针八叉树和线性八叉树在时间和空间两个方面进行了优化和统一。但是由于其算法比较复杂，实现起来难度比较大。

无论是规则八叉树和线性八叉树，还是深度优先编码和三维行程编码等，都是从编码的角度来实现数据压缩的目的，它们在对象的描述过程中，仍然没有解决复杂对象的精确描述问题。那么归根结底，导致八叉树表示体模型精度低的原因是把体分成了纯体元。为了弥补传统八叉树的不足，国内外许多学者开展了扩展八叉树的研究，例如，Ayala D 和 Carlbom I 等人提出了在八叉树分解的节点中加入面节点，介绍了从传统八叉树模型转换成扩展八叉树模型的过程，P. Brunet 和 I. Navazo 提出了在保持传统八叉树数据结构的基础上，给体元模型加入面模型的信息。国内西安理工大学的付春英提出了扩展八叉树模型，对传统的八叉树模型做了改进，扩展八叉树可以对实体的表面节点、顶点节点和边节点单独存储，大大减少了分解的层数。近年来，有关学者又从分辨率的角度对扩展八叉树进行改进，提出了多分辨率八叉树模型，改变了传统八叉树模型只能八分的固定模式，可以根据数据的特点自适应地对数据进行二分、四分或八分。提高了分解的效率，而且减少了占用的存储空间，从而适合于任意形状的研究区域。

通过上述分析可见，当前对三维数据的压缩一般从划分层次和编码两方面来考虑。传统的八叉树模型把实体分成了纯体元，那么进行数据压缩以后，尤其对于实体的边界数据，就会有数据丢失的情况，这也是纯体元方法无法表达的问题。为了弥补传统八叉树模型的这种不足，可将矿体模型直接转换成多分辨率扩展八叉树，这样，既弥补了八叉树边界问题的不足，又可减少那些没有意义的分解，进而研究出更有效的三维空间数据压缩编码方法，这也是利用八叉树进行数据压缩研究的趋势之一。

1.5 地矿三维软件

1.5.1 国外主要地矿软件

现今，随着科学计算可视化在各个领域的应用，其中比较传统、老牌的产业——地质、矿山、油藏类产业对三维地学建模（Three Dimensional Geoscience Modeling，3DGM）的要求越来越强烈，国外的这些领域研究较早且发展较快，已经形成了较大的规模，并且一些研究成果已经进入了应用阶段。其发展过程大体上分为三个阶段：

第一个阶段：在 20 世纪 70 年代，国外三维地学建模的萌芽和孕育阶段，西方发达国家先是把 CAD 技术应用于地质、矿山领域。随后，随着三维地震勘测技术的发展，在油气勘探、矿业领域出现了比较单一的软件，如地震解译软件 VoxGeo、地质建模软件 Earth Vision 等，美国 Dynamic Graphic 公司研制的地学专用可视化软件 IVM，可支持用户对三维空间的测量属性进行建模、显示和交互控制，但对三维空间中属性不连续变化的现象的表示和处理有一定的困难。美国 Strata Model 公司推出的 SGM 软件，用于处理钻孔数据，该软件只针对钻孔数据，而且强调数据分层，对于不能分层的连续变化现象处理有一定的难度。

第二阶段：20 世纪 80 年代，国外三维地学建模的可视化软件进入了迅速发展阶段，三维地学模型被应用于地质建模已经变得非常普遍，以美国、法国、澳大利亚、英国为代表的西方国家相继推出了自己的软件产品，主要功能是地质信息的综合显示，主要包括法国 Nancy 大学开发的 GOCAD，其主要实现了地质、地球物理和油藏工程的三维模拟和辅助设计，加拿大 LYNX Geosystems 公司的 LYNX 和 MicroLYNX，美国 Dynamic Graphic 公司的 Earth Vision，英国的 Datamine，澳大利亚的 Surpac，美国的 EVS，等等。

第三阶段：20 世纪 90 年代，国外三维地学软件进入了应用阶段。在初期，受微机性能的限制，开发的系统一般是 UNIX 操作系统和用于工作站环境；在中期，一些软件（如 Datamine、Micromine、Gemcom、Mincom、Vulcan、GeoCAD）已经开始移植到 Windows 操作系统和微机环境；在后期，地质建模和三维可视化技术与虚拟现实技术完美结合，其中，比较有代表性的是：LandMark 公司的 PowerModel、加拿大 Geo-Modeling 公司的 VisualVoxAt 等。

到目前为止，随着地质建模理论和软件技术的不断发展，软件对采矿行业的影响力在不断增大，在生产过程中其发挥的作用不再仅仅是配角，而是重要的一部分，其中具有代表性的有 12 家大的采矿软件公司相继开发了地下三维可视化方面的软件，如英国的 Datamine & Guiole，澳大利亚 Maptek 公司的 Vulcan、加拿大 LYNX 公司的 LYNX、MicroL-YNX，还有其他国家的，如 Micromine、Minescape Surcad 等地质开采软件。这些软件不仅具有一般地质建模、露天和地下采矿设计、进度计划编制、二维和三维显示等常规功能，而且许多软件加入了可视化和图像仿真功能，如 Vulcan、MDS、OpenGL、LYNX 等提供了强大的可视化功能，可以作为可视化设计的工具，如图 1.4、图 1.5、图 1.6、图 1.7 所示。下面以 Vulcan、Surpac、Datamine、Micromine、LYNX 来简单介绍一下国外软件在地质、矿山领域的研究成果：

由澳大利亚 Maptek 公司开发的 Vulcan 由最初的地层建模和矿山设计系统，发展成了三维建模系统软件包，可以为地质采矿工程提供三维交互功能，可以从 Section 自动生成 TIN，产生和操作 TIN 模型，动态进行 Block 建模并生成切片，是一个真三维勘探 GIS 与可视化软件，具有较好的三维空间建模、交互、可视化功能，并可以进行矿藏储量计算和三维空间分析。

Surpac 是澳大利亚 SSI（Surpac Software International PtyLtd）公司开发的面向矿山的资源估算管理与矿山规划的大型数字化矿山软件，广泛应用于资源评估、矿山规划、生产计划管理的各个阶段乃至矿山闭坑后的复垦设计的整个矿山生命期的所有阶段中，可以形成一整套三维立体的和块体的建模工具，可将土建工程设计、三维模型建立、工程数据库构建等完全图形化，并解决复杂工程中境界优化的施工管理问题，其使用的进度计划软件包解决了开采计划中物质多样性、目标多样性、采

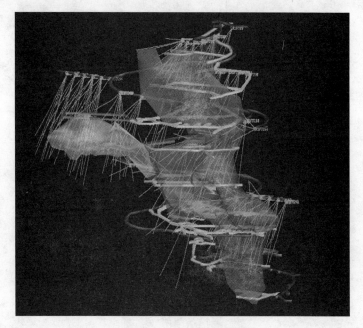

图 1.4 Surpac 绘制的矿体图

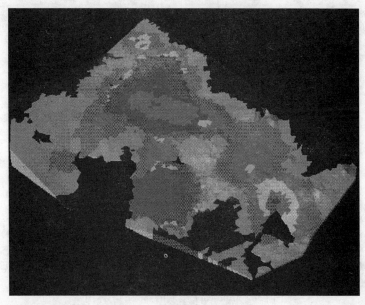

图 1.5 LYNX 绘制的矿体图

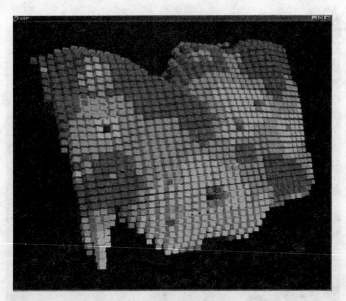

图 1.6　Datamine 绘制的矿体模型

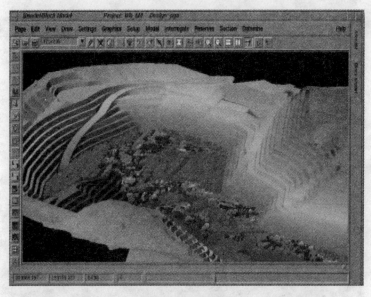

图 1.7　Minescape 绘制的露天矿矿体图

矿地点多样性等复杂情况带来的项目规划难题，真正为用户制订可靠的生产计划和掘进工程计划，作为一套全面的集成软件系统，它具有先进、全面、高效、易于掌握等特点，极大地改进了测量工程师、采矿工程师、地质工程师和高级管理人员之间的技术信息交流，使企业生产的各个环节在高效的管理控制之下，从而获取最大的经济效益。

英国的 Datamine 公司开发的 Datamine 软件主要应用于地质勘探、储量评估、矿床模型、地下及露天开采设计、生产控制和仿真、进度计划编制、结构分析、场址选择，以及环保领域等，其具有多种数据输入输出方式、自动化钻孔数据检查、真三维的绘图系统、交互式样品组合、最优块分割技术、旋转模型、估值椭球体、可变边坡角、交互式的运输道路设计、交互式动态采矿进度计划、自动配矿、可发布的可视化浏览器、位图贴图、多种功能的线编辑工具、数字化/绘图、客户化、可采矿量和进度计划优化等功能。

澳大利亚的 Micromine 公司开发的 Micromine 系列软件主要应用于地质勘探和采矿行业中，包括地质综合资料分析、勘探设计优化、地质资料综合管理、各种图表的制作、储量计算和矿产资源评估、矿山测量、露天和地下采矿设计、生产品位控制、矿山长期规划和短期生产计划的编制、矿山生产优化、矿山生产过程控制与管理等各个方面，其中资源储量计算部分——KANTAN 3D 用于数据存储和校验、各类表面建模、制作等值线、以任意角剖切剖面图、剖面解译、地质建模（矿体和断层）、资源评估、打印输出等。

加拿大 LYNX Geosystems 公司推出的三维建模与分析软件 LYNX，通过对离散采样、钻孔采样点、测井记录、TIN 模型、三维格网和探槽采样等空间数据的综合处理，采用棱柱体元建模，生成剖面、块和面模型等，能确定矿藏分布的等级和等级变化，并且能够计算矿藏储量，同时广泛用于矿山、地质的三维可视化等方面，除了对钻孔、地层和地质结构面等显示外，在最新的版本中还提供了体绘制功能。

另外，美国 Intergraph 公司开发的 Intergraph 交互式图形处理系统，用来管理复杂的动态矿床模型，该系统能够由钻孔数据直接生成三维实体矿化模型，并具有模拟断层和快速进行与地质结构相关的采矿工程布置的设计与评价功能，在瑞典、加拿大以及南非的一些矿山公司得到了很好的应用。

总的来看，国外的矿业软件主要具有以下功能：

①数据输入——钻孔数据、采样数据、物探数据、化探数据及地形数据的输入、编辑和差错性检查；②数据库管理——管理相应的空间数据和属性数据；③钻孔数据的剖面和平面图形显示和绘制；④剖面和中段面的地质解译，进行矿体边界的圈定，生成矿体三维模型；⑤表面模型的定义和生成及体积计算；⑥品位的统计分析，以确定品位分布和变化特征；⑦地质统计分析，利用品位分布的 SEMI-VARIOGRAM 模型进行矿石品位估算。⑧矿产储量模型的定义、编辑、显示和绘图；⑨可采储量的数据库管理；⑩断面和平面的模型显示，以进行辅助开采设计和规划；⑪根据矿化的自然特性、工程环境和条件，设计开采范围和边界；⑫矿山开采生产规划和生产流程的设计；⑬短期生产计划，根据采掘进度进行矿山储量平衡表的计算和报表输出；⑭利用采掘过程中搜集的数据进行生产控制，制订矿山的采矿配矿计划；⑮根据矿山采掘和生产中获得的实际品位数据来调整和更新储量模型，以便储量模型更加吻合矿山实际情况。

这些软件中，大多运用了显示三维地质模型的几个关键技术，如模型绘制、投影变换、取景，TIN 表面显示、旋转、颜色与材质、纹理处理技术等。以 Vulcan 和 MicroLYNX 为例，它们是在微机平台上用来帮助地质学家和工程技术人员进行矿山开发、矿藏评价和采矿规划的专用的三维地质采矿软件，大多提供了三个层次的模块：地质体建模模块、储量计算模块、采矿设计模块，这些模块都是基于工具箱式的可视化图形用户界面。

国外矿业软件具有如下特点：

①采用通用性的数据库结构；

②采用模块化的程序结构；

③具有强有力的作图功能；

④方便用户的程序设计；

⑤微机与工作站兼顾；

⑥注重售后服务。

虽然这些软件功能强大、性能良好，但是由于我国与国外的矿山地质采矿条件、复杂程度有差异，管理体制、管理概念不同，加上软件的通用性差、费用高等方面的原因，国外软件对于我国矿山的实际生产并

28

不是很适用，在国内推广尚有一定的难度。

1.5.2　国内地矿软件

国内对三维地质矿山建模软件的开发虽然比较薄弱，但是也取得了一定的成果，推出产品的途径大体上分两种：①一些高校和研究单位在引进国外先进软件的基础上，进行了二次开发，已有一些成果和较适用的产品；②一些公司和高校自主开发了三维地学模拟试验系统或应用系统，分别具备了不同程度和适应不同条件的三维地质建模和可视化功能。其中，比较典型的是长春地质大学在阿波罗公司 TITANGIS 的基础上开发的 GeoTransGIS 三维 GIS，主要用于建立中国乃至全球岩石圈结构模型的三维信息，石油大学开发的 RDMS、南京大学与胜利油田开发的 SLGRAPH 用于三维石油勘探数据可视化，长春科技大学牛雪峰等人进行了中国大陆岩石圈地学断面的（GGT）的三维可视化建模。长沙有色冶金设计研究院曾研制出一套矿化模型 CAD 软件系统，实现了地质采矿中从钻孔数据准备，到地质作图、储量计算、井下测量验收管理、矿山资源管理等的一系列计算、设计与管理工作。中南大学基于线框模型和块段模型开发了 DM&MCAD 软件系统，该系统实现了由地质钻孔资料、地形图到辅助设计的微机化阶段，能绘制各种平、剖面图和采矿工程图，可实现采矿设计，整个系统不依赖于任何通用工具软件，并且自带数据库与图形环境。北京大学王勇研究和实现了从剖面数据和离散点数据生成三维矢量数据的方法，设计并且实现了包括原始钻井数据管理、剖面自动生成和交互编辑、三维矢量数据生成、三维数据的可视化和交互查询功能的三维空间矢量数据生成的原型系统。

中地公司研发的 MAPGIS-TDE 三维处理平台提供了特定的地质体结构建模、地质体模型可视化及地质体剖切分析等专业应用工具。MapGIS 的地质体结构建模就是将以点、线为基本形式的、散布式的、局部的勘探资料解释结果在三维空间中综合起来，重新恢复地下地质界面和地质体的空间形态和组合关系，进而构建三维地质构造的几何模型和拓扑模型。此软件的建模方式按照数据源分为两类：一是复杂地质实体建模，对于包含有断层、褶皱等复杂地质现象的地质体，采用由点到面、由线到面、再由面到体的实体建模方法，并提供一定的用户交互功能；二是基于钻孔和剖面数据的快速建模，对于地质情况相对简单的沉积地层，可直接应用钻孔分层数据和（或）剖面数据自动建立起区域三维地层模型，可实现三维剖切分析、等值线提取、任意点拾取等功能。

北京东方泰坦科技有限公司于 2001 年 5 月推出了 TITAN 三维建模软件，该软件是基于框架建模的思想研制而成，可以建立三维空间任意复杂形状物体的真三维实体模型。TITAN 三维建模软件主要由剖面处理模块、对应关系处理模块、模型处理模块三部分组成。软件通过建立模型的数据剖面与剖面之间的对应关系，利用模型处理模块建立和处理三维实体模型。该软件可以在三维方式下进行平移、旋转、缩放等，能够以任意方向、任意角度切割模型，计算模型的面积和体积。

北京理正公司在三维地质模型方面也做了一定的研究，在其推出的地质地理信息系统中可以构造三维地质数字模型，表达岩石的构造和产状，显示任意角度的剖面图，并能够进行三维统计、分析、计算（如指定范围的体积计算、土石方分类计算、填挖方计算等）。该系统还可以自动生成和显示三维地形图、地质图、地层图，能够以多种方式进行定位、属性图素查询、一般土质条件下的地质构造简单推断。

上述三种国内软件基本上都是面向地质行业的，而没有针对矿山行业，在矿体建模方面更没有涉及。

北京科技大学李仲学、李翠平等人是国内较早研究矿业软件的专家，特别在估值方法、矿床模型、井巷工程几何模型、采矿方法参数几何模型以及采掘计划编制等方面进行了大量深入的研究，并且开发了具有地质数据库管理、矿床模型构造、品位储量计算及采矿工程可视化等功能集成在一起的地矿工程三维可视化仿真系统，并且在武汉程潮铁矿得到了应用。

北京龙软科技发展有限公司的 VRMine 系统则从底层开发基于 PC 机的、具有三维建模功能的桌面式煤矿虚拟环境系统。整个系统就是将巷道和地层进行一体化表达的煤矿层状矿床专用的三维可视化和虚拟现实系统，从而实现了基于地测基础数据的生产图形的一体化管理。系统由四大模块组成：数据管理、三维几何建模、构建煤矿虚拟环境和立体显示。其中，数据管理模块为整个系统提供数据；三维几何建模模块采用三维数据模型和数据结构表达地层、巷道和钻孔；构建煤矿虚拟环境模块是采用一系列的虚拟现实技术构建虚拟的煤矿环境，使用户产生身临其境的感觉，并能与虚拟环境进行交互；立体显示模块借助虚拟现实设备（如 AGC-VR）产生立体视觉。

中国矿业大学吴立新等人开发了具有自己知识产权的 GeoMo³D，该系统以真实钻孔数据为空间基本控制，以地层等高线/等值线数据为层面建模辅助，以三维地震、地球物理、地球化学数据及其他数据为模型细化配合，采用 TIN、多层 DEMS、广义三棱柱（GTP）、规则六面体等多种建模方法建模。GeoMo³D通过灵活的三维交互技术，可以对所建立的地质模型进行任意的剖切、虚拟开挖设计与漫游等操作；可以方便地处理褶曲、分叉、尖灭、相变、地层缺失等复杂地质情况；可以灵活方便地制作钻孔柱状图、三维模型图、二维剖面图、组合剖面图（篱笆图）和各类专题图；并提供缩放、旋转和平移等基本的可视化操纵功能，可以进行空间度量，面积、体积统计，拓扑查询等多种空间分析，能与多种软件如有限元分析软件、AutoCAD 等进行数据交换。GeoMo³D适用于测绘、城市规划、采矿、地质、矿山设计与规划、资源勘察与评估、水利工程建设、岩土工程、防灾减灾设计等行业。

三地曼公司利用三角网建模技术，创建矿区地层模型、矿体模型、构造模型或其他类型模型，按照国际矿业领域通用块体模型概念，运用地质统计学估值方法，完成品位模型的创建。通过数据库和模型叠加显示，可对矿体空间展布、储量计算、动态储量报告、品位和不同属性的分布特点进行综合运用，为找矿和生产服务。

长沙 dimine 软件是以矿业地质、测量、采矿与生产计划业务作业的三维可视化设计、优化与管理作为开发目标，系统功能涵盖地质建模、储量估算、地下矿和露天开采优化设计、矿井通风及其网络解算、采矿生产计划编制、工程测量验收和工程施工图绘制等矿山主要业务作业的各个方面。

此外，清华大学、北京科技大学、东北大学、华东师范大学、长安大学、中国人民解放军信息工程大学、山东科技大学、西安科技大学、中国科学院地理科学与资源研究所等单位也开展了大量的研究和应用工作。

从国内外地矿山软件的研究现状来看，国外矿山专业软件大多提供了三维集成环境，在三维环境下进行各种功能的操作，而我国也有专门面向地层建模和层状矿体建模的软件出现，但是真正面向矿山用户的、从底层开发的非层状矿体的矿山三维专业软件的功能和性能还有待于进一步提高，造成这种情况的主要原因是：①面向非层状矿体的三维数据建模理论尚未实用化，在地学建模方面研究还处于起步阶段，算法上没有突破，其应用范围以及深度还不够，与国外存在明显的差距，主要是类似国外软件的实体和块段混合三维数据模型的研究还不够；②国内矿山生产单位，尤其是中小型矿山生产单位的信息化程度低，目前还是手工绘图，国内矿山企业还是以传统的二维矿图为依据进行计划和施工，没有达到国外矿山开采以三维矿体为模型的阶段；③由于国外软件价格高昂，不能适合国内实际的工作需求，并且不适合我国目前地矿企业的生产流程，所有的国内中小型矿山都引进国外软件系统也是不现实的，那么研究面向非层状矿体的建模软件中的关键理论和技术无疑是一项重要的任务，其中最根本的三维建模基础理论、技术和方法的研究还不够，在这种情况下，建立较精确的非层状矿体模型是其中最为重要的工作。

1.6 问题的提出

通过以上论述可见，无论是矿体建模的理论，还是软件开发和研究方面，国内外学者都做了大量的工作，并取得了一些成果，但是仍然有不少问题需深入研究和解决，例如：

①三维数据模型是三维矿体建模的瓶颈。

非层状矿体是埋藏于地下的三维实体，它往往是不规则的、形态复杂的、矿体内部各个部分的属性也不尽相同。三维矿体对象远比地表三维对象复杂，数据的可获得性也比较特殊，在这样一个特殊的条件下开展三维数据模型的研究更具有挑战性和实际意义。矿体模型建立得不够准确，地质和采矿工作就不能客观地预测矿体的形态，不能掌握其地学规律，也不能较准确地对矿体储量进行计算。我国大部分的中小矿山对于矿体边界的圈定仍然采用手工绘图，整个矿体模型也只是根据二维模型来推断，在数据量庞大的情况下，显然这样的工作方式不能满足需要，那么建立矿体的三维模型则成了重中之重。

不同的三维数据模型所表达的重点不一样，有的是偏重于拓扑关系，有的偏重于三维可视化，有的偏重于空间分析等不同的研究方面。

因此，目前尚无一种数据模型能把所有的空间实体完好地表示出来，每一种数据模型都有各自的特点和适应性。由于三维实体和应用的复杂性，一种数据结构往往很难满足不同的需求，发展混合数据结构或将几种不同的数据结构结合起来成为三维数据模型研究的重要课题。同样，由于三维现象随着研究领域的不同，其描述空间实体的方法也存在着较大差异，不可能设计出一种混合数据模型来适合所有的应用领域，应根据研究领域空间实体分布特征，设计出专用的混合三维空间数据模型。

对非层状矿体模型的描述则要采用两种建模方法集成的手段，也就是先用表面建模法建立矿体的边界，然后运用体元建模法建立矿体内部模型，这是一种建立矿体模型的很好的思路。它既能保证模型的精度，又能够有效地描述矿体内部的属性。恰恰在三维数据模型理论研究方面国内还不够完整和深入，混合数据模型的理论研究和实际应用进展不大。而且，现有的混合数据模型还存在着不足，也就是矢量数据和栅格数据都是分开的、割裂的，在 Surpac、Datamine 等软件中显示表面模型和块段模型是分离的，显示和存储都是分开来进行的，相互之间缺乏联系和互动，没有真正地实现"一体化"，这样既不利于数据的组织，也影响了可视化的效果。因此，在构建一体化的表面-体元真三维非层状矿体模型方面还需要进行深入的研究。

②数据压缩存储策略问题是数据模型存储的重点和难点。

采用混合数据对非层状矿体进行建模，理论上能够满足不同的应用要求，但是在三维数据模型研究领域仍然面临的难点是除了模型本身发展还不够完善外，主要就是对于不规则矿体模型的精确表达会存在大数据量的存储与处理问题。对其解决的方法除了在硬件上靠计算机厂商生产大容量存储设备和快速处理器外，还应该研究软件方面的具体算法以提高效率，矿体建模过程中矿体内部模型大数据量对矿体三维模型的存储、可视化的快速交互造成极大的困难，要实现三维矿体存储、重构以及快速交互操作，就要在现有三维空间数据压缩方法的基础上，研究更有效的算法来实现对矿体模型的压缩，使其属性信息尽量不丢失。

③矿体储量计算的精度难以保证。

在矿山实际生产中，准确估计矿体品位空间分布规律和总体储量有利于提高矿山生产效率，降低生产成本。目前，矿山计算储量基本上分为两大类。一类是以传统的简单几何计算为基础的常用方法；另一类是以统计学为基础的数学地质方法，国外大多数矿山采用的是地质统计学的方法；国内的中小型矿山企业估算矿体的储量还是应用传统的方法，多数是通过储量等于体积与体重之积来最终获得储量数值的。最常用的是采用断面法，按一定间距将矿体截分成若干个块段（除矿体两端的边缘部分外，各个块段均由两个剖面控制），通过对断面上矿体截面面积的测定，计算出断面之间的矿体体积和矿石储量。但是这种方法把各个块段内部属性不唯一的复杂矿体看成了相同的属性，计算出的储量误差比较大。我国有的单位开发出了地质统计学计算非层状矿体储量的软件，但是在大部分矿山没有得到普遍的应用。

④国产非层状矿体真三维建模软件的研发是当前矿业发展的迫切要求。

从当前国内外三维矿业软件的发展现状来看，在非层状矿体真三维建模方面，国外已经出现了比较成熟的软件。然而，由于国外的软件在我国推广的局限性和国内软件在功能及性能上的不足，我们迫切需要一套具有数据处理、矿体建模可视化和储量计算等功能实用化的、成熟的、面向非层状矿体的真三维矿业软件出现。

总之，国内对非层状矿体三维可视化研究的深度和应用的广度都还不够，力度有待加强，和国外相比还有不小的差距。由于受到矿体构造本身的复杂性，其信息的灰性和不确定性，以及矿体建模理论和技术实现的高难度，资金条件等因素的限制，我国的非层状矿体三维可视化技术无论是从程度上还是应用广度上都与国外相差较远，都需要进行深入的研究。

1.7　本章小结

本章主要阐述了三维非层状矿体建模的必要性，并对国内外地矿业软件的研究和应用现状、三维空间数据模型、三维矿体建模方法、空间数据压缩存储方法和三维可视化技术的研究现状进行了回顾与分析，从基于面表示的模型、基于体表示的模型、基于混合表示的模型三大类模型的角度出发，详细讨论了常见数据模型的特点。此外，本章还指出了当前采矿业中三维非层状矿体建模、数据存储、储量计算以及矿山软件方面存在的问题。

第 2 章　非层状矿体空间建模的数据模型与数据结构

2.1　非层状矿体数据模型的特征

非层状矿体是指赋存于地壳中具有一定形状、产状和大小，并能从中提取出有用矿物成分的深埋在地下的自然集聚体，是矿床的最小组成单位，其中达到工业要求的含矿部分又是开采的直接对象。客观地、准确地认识和掌握非层状矿体的特征，是选择三维数据模型的主要依据之一，是进行准确建模、可视化和空间分析的前提，具有十分重要的意义。

2.1.1　非层状矿体数据模型的基本特征分析

任何自然科学都离不开数学形式的描述和表达，形态复杂多变的非层状矿体同样具有空间特征、属性特征、空间关系特征以及时间特征。

空间特征表示非层状矿体对象所处的空间位置特征，又被称为几何特征和定位特征，非层状矿体形态通常是错综复杂、不规则的，如呈透镜状、囊状、不规则状或扁豆状等形态。其中，矿体的产状可以用来确定矿体的空间位置，其表示方法与一般围岩的表示方法相同，即用走向、倾向、倾角来表示，但对某些具有最大延伸和透镜状矿体之类，则除了用走向、倾向、倾角来表示之外，还要知道它的测状角和倾状角，以确定控制其延伸的方向。

属性特征用来表示非层状矿体所具有的地质特征数据，如矿体比重、品位、元素含量、类型等。对于定性特征，一般要通过观察来得到。但是对于一些定量的特征，要通过对已知采样点的插值和预测方法才能得到。

空间关系特征主要包括不同的矿体之间的位置关系，矿体与围岩之间的关系，矿体与其他地质对象之间的拓扑关系以及矿体与巷道的拓扑关系，等等。

时间特征是随着时间变化的，例如，随着开采的推进，矿体的形态有什么样的变化，即矿体的动态变化特征。

2.1.2　非层状矿体建模的影响因素

非层状矿体是一种形状复杂，具有多种特性的地质实体，矿体模型的建立之所以非常复杂，主要是受到以下方面的影响：

①数据来源的多样性和复杂性。数据来源包括地质勘探数据、地形测量数据、生产勘探数据、地球物理勘探数据等，其中地质勘探数据是较为精确的。对于层状矿（如煤层）采用地质勘探就能较好地控制地下煤层的结构和特征；但是对于非层状矿，仅凭地质勘探通常难以采集足够的样本数据来解决许多不确定性问题，需要采用"探采结合"的方法进行生产勘探，并参考井巷见矿资料才能对矿体形态进行较精确的解译。

②矿体本身几何形态错综复杂。由于不同的成因和构造条件以及围岩性质等原因，非层状矿体的形态和产状是多种多样的，如沉积矿床的矿体形态多为层状，而热液矿床的矿体多呈脉状，层状和脉状又具有不同的产状。因此，非层状矿体内部几何结构具有不规则、不确定、非均质的特点。

③矿体内部空间变量复杂。地质影响、非均质性、潜在趋势性，甚至变量自身的迁移规律，这些因素的差异增加了非层状矿体内部变量空间变化的复杂性。

非层状矿体的上述特征需要有合适的数据结构，具有处理和管理离散、不规则数据源以及矿体几何形态和内部变量的能力。我们应该提供有效的建模技术建立合理的模型来充分反映矿体的空间位置、属性和特点。对非层状矿体进行正确地模拟，不仅对成矿过程和找矿勘探过程具有重要的理论意义，而且在矿山的开采过程中也有一定的指导作用。

2.2 矿体表面三维空间构模

无论是金属矿还是非金属矿，尽管其各自的特点不同，但大多数以不规则的形状埋藏在地壳内部。矿产性质的空间分布，也是非常复杂的，有些矿产呈相对规则的几何形状，有些则是非常不规则的，其中有些甚至没有明确的边界概念，更有甚者，在矿体的内部又包含了各种形状的非矿体（称为"洞"）。不管矿体的形状如何，它们是一个三维实体，其表面为不规则曲面，且内部矿体品位分布不均匀。对于矿体的外形，可以用一个不规则的封闭曲面来确定。

在三维矿体建模的过程中，矿体表面的生成是关键，也是难点。建立矿体表面模型的过程实际上是对矿体表面曲面拟合的过程。矿体表面可以由若干个矿体剖面轮廓线或者矿体平面轮廓线来生成。这些轮廓线一般通过若干钻孔见矿样品点交互解译生成，样品点的分布可以用规则排列的方格格网、规则三角网或者是不规则三角网来描述。其中，规则格网可以通过规则排列的格网点来直接生成，但规则和不规则三角网的生成算法相对来说比较复杂。

2.2.1 2D 三角网建模

到目前为止，最常用的表面构模技术是基于实际采样点构造三角网模型，三角网建模方法是将无重复点的散乱数据点集按某种规则（如Delaunay 规则）进行三角剖分，使这些散乱点形成连续但不重叠的不规则三角面片网，并以此来描述三维矿体的表面。在 TIN 的生成算法中，主要有三角网生长法、分割归并法和逐点插入法。三角网生长法的基本思路是将最临近的 3 个离散点连接成初始三角形，再以这个三角形的每一条边为基础连接邻近离散点，组成新的三角形。新三角形的边成为连接其他离散点的基础，如此继续下去，直到所有的三角形的边都无法再扩展成新的三角形，而且所有的离散点都包含在三角网中。分割归并是递归地分割点集至足够小，使其易于生成三角网，然后把子集中的三角网合并，经优化生长法的基本思路生成最终的三角网。逐点插入法是在一个包含所有数据点的初始多边形中，将未处理的点逐次加入到已经存在的 D-TIN 中，每次插入一个点之后，将 TIN 重新定义。如图 2.1 和图

37

2.2 所示。

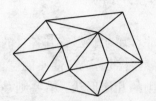

图 2.1 TIN 建模模型

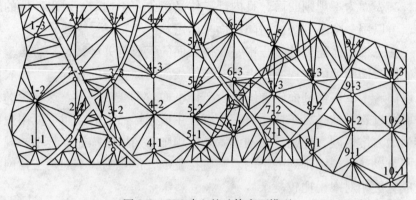

图 2.2 TIN 建立的矿体表面模型

2D 三角网建模方法可以通过不同层次的分辨率来描述矿体表面，也可以通过插入点、特征线、结构线等来逼近矿体表面形态。该模型具有实现简单，算法成熟，数据冗余小，存储效率高，且能较好地顾及地形特征和适合多层次表达等突出优点，此外，改进的算法都能很好地处理层状矿体中复杂的地质断层、陷落等问题。但该模型只能控制地质体或者矿体的表面，不能控制地质体的内部，是一种空心的 2.5 维模型，而且它不能描述非层状矿体，仅适于像煤层一样，两表面间被认为具有均匀属性的矿体。

2.2.2 实体法建模

矿体的实体建模方法多采用剖面轮廓线或等高线对矿体表面进行三角网重构。实际上，从平行轮廓线重建三维表面是具有普遍意义的计算机图形学研究的问题。Bayer 和 Dooley，Fisher 和 Wales 等人研究了断面轮廓的建模方法（Solid 模型），该方法在计算机图形学中被称为实体法建模，参考 CAD/CAM 的表面建模方法，解决了三维栅格方法不能解决的地质体尖灭、分叉、断层等复杂形态的矿体建模的问题。平行轮廓线建立矿体表面模型是交互式地在勘探线剖面图上勾画出矿体表面的轮廓线，利用这些矢量化的轮廓线及其上的节点，按照 Delaunay 三角网剖分的算法进行三角网联网，从而构造出矿体的 TIN 表面，得到非层状矿体的空间几何结构。其中，三角网的联网规则遵循最短对角线法（图2.3 和图 2.4）、最大体积法或是相邻轮廓线同步前进法。

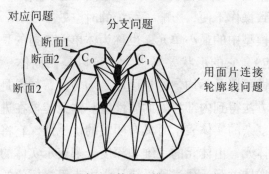

图 2.3　建立矿体表面模型原理示意图

图 2.4　矿体表面模型（Surpac 的 demo 数据）

　　该模型的优点是实体三角网可以作为块体模型的约束面，对矿体外部几何形状进行精确地表达，重建速度快，占用内存少，十分适合地质勘探线剖面变化较小或者大致相似的建模情况。该模型的缺点在于：由于内部没有体元，所以该模型难以模拟矿体内部的构造和属性，只是一个矿体"空壳"，往往需要配合其他方法一起使用，同时，轮廓线的对应问题、分支问题的算法比较复杂。

2.3　基于体元模型的矿体三维空间构模

面表示的数据模型建立三维矿体模型的主要问题是：①只考虑了矿体表面的划分和边界表达，没有考虑空间矿体的内部结构；②没有对三维空间矿体及矿体之间的拓扑关系进行严格的定义和形式化描述，缺乏拓扑关系的完整性和独立性的证明；③由于显式地存储 Is-In、Is-on 等拓扑关系，导致操作不便，影响了系统的时空效率。

体元是体模型中的最小单元，也称为体单元，指的是一个数据区域（凸包或是凹包），它的形状差异很大，可以是四面体、六面体等，体单元内部的属性可以是不均匀的也可以是均匀的，如果是不均匀的，可以通过插值的方法得到内部各处的属性值。体元建模在进行不规则的属性分布和结构复杂的实体表示时具有明显的优越性。它将实体的三维空间分成细小的体元，由体元的三维和深度号来表示实体的空间位置，并建立与属性的实体关联。通过地质统计学中克里格插值的方法估算出每个体元的属性值，保证了地质统计估算应用程序的精确地质控制。

2.3.1　规则体元的矿体建模方法

利用规则体元建立矿体模型是将概念上的规则体元的属性和不规则矿体的分量关联起来，如矿体中包含铜、铅、锌矿，就可以通过建立铜、铅、锌矿的体元模型，来表示不同矿种，不同品位的铜、铅、锌矿的分量。规则六面体建模对于规则体和结构化的不规则体的划分显然是很方便的，可直接得到。因而规则六面体建模是目前矿体可视化方法中应用较多的剖分方法。

从矿体可视化角度分析，规则六面体剖分（图 2.5 和图 2.6）原理是将矿体内部划分为一系列小的规则六面体单元，近似地表示矿体，每个小的体单元都有相应的属性表示矿体内部某一位置的内部性质，所有体单元的属性变化规律就是矿体的内部变化规律。每一个带有属性的体单元，被称为块或单元块。单元块的尺寸可以相等，主要应用于规则的矿体分布和厚度较大的情况；也可以不相等，对于三轴方向上比例差别

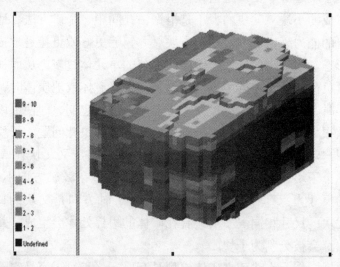

图 2.5　Surpac 建立的矿体体元模型

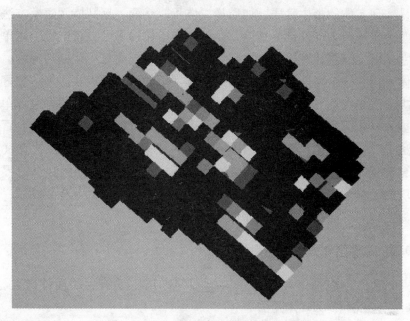

图 2.6　Micromine 建立的矿体体元模型

较大的情况（如走向长，厚度薄的地质体），在设定单元体的尺寸时，对分布长的轴方向给予较大的尺寸，从而更好地填充矿体内部。单元块有父块和子块之分。父块是指在模型中允许的最大的块，子块是父块被分割后形成的小块。父块的大小是根据钻孔间距、采矿方法、地质条件和计算机的能力确定的。较小的子块尺寸，能更好或更接近地描述矿体的自然形态。但过小的尺寸会使矿体剖分的单元体过多，从而加大计算机的运算负荷，计算速度缓慢。当遇到薄层状矿体或地质体时，或在矿体的边界时，父块比较大的尺寸无法很好地描述它们，即使可以，但产生的误差很大，但是可以利用分割父块的方法解决此问题。子块的大小由事先用户定义的分割父块的细度确定。如可以定义父块在 X 轴方向被分为 5 个子块，在 Y 轴方向被分为 3 个子块，在 Z 轴方向不分子块。则子块的尺寸为：X 轴方向是父块的 1/5，Y 轴方向是父块的 1/3，Z 轴方向和父块的尺寸相同。子块只有在矿体的边界处才会生成，并不是每一个父块都会被分割为子块。

利用规则体元方法建立矿体模型具有以下优点：①容易实现矿体模型的内部空间的连续变化，特别对于变化程度很高的矿体属性特征；②容易实现实体的整体性质，如质量、体积。然而，规则体元建模方法面临两个矛盾：为提高剖分精度，尤其是在矿体边界处，指定较小体单元尺寸，但会减缓计算机的可视化处理速度；为提高可视化处理速度，增大体元尺寸，则降低模拟精度，造成体模拟的边界锯齿状。一种较好的解决办法是对边界的单元块定义其百分比，这种百分比是根据边界单元块被边界曲面分割后，单元块在曲面内部的百分比。单元块的边界百分比法可以较好地拟合复杂的实体边界，但在对实体进行体积估算（如估算地质体的储量）时，会造成一定的误差，这种误差只有当边界单元块的总百分比达到无偏时，才能降低到最小。这样，就有必要用一种更为合理的方法对边界的体元进行再次剖分。

2.3.2　不规则体元的矿体建模方法

目前，不规则体元建立矿体模型的方法主要有：四面体体元法，ARTP 体元法和 GTP 体元法等。

（1）四面体格网模型

四面体格网模型（TEN）将任意一个三维空间对象剖分成一系列相邻但不交叉的不规则四面体网格。该模型是 TIN 模型向三维的扩展，对于复杂三维实体具有很强的表达能力。四面体格网建模方法可以分为基于八叉树的四面体生成和基于 Delauny 的四面体生成。前者主要应用于规则数据的实体剖分。Delaunay 四面体生成来源于离散数据，四面体相比八叉树来说描述更精确，数据量少，适合地质矿体的实际情况。三维 Delaunay 四面体化，简称为 3DDT。Lattuada R 和 Raper J 都将 3DDT 应用于地学建模。

三维 Delaunay 三角剖分是离散点构成四面体的主要方法。空外接球方法与二维空外接圆算法相似，是较常用的一种算法，比二维更加复杂。

①获取不同地层控制点的三维几何数据和属性数据，构建一个离散点的最大凸包，并定义一个大四面体包含所有点。

②采用 3DDT 的逐点插入法，逐个加入新点，搜索判断哪些四面体的外接球包含该点；找到一个或多个包含该点的四面体，将这些四面体顶点汇总在一起形成一个空腔；在该空腔内部，将空腔表面的三角形与新点连接，构成若干新的四面体；用新生成的四面体替换原来的已经修改的四面体。建立四面体格网模型原理示意图如图 2.7 所示。

③利用地质统计学方法依照四面体内部属性进行插值。

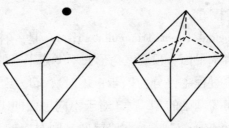

图 2.7　建立四面体格网模型原理示意图

以上算法对离散点的凸包进行的四面体剖分。对于复杂矿体还存在难题。地质体一般是非凸多面体。对非凸多面体的四面体化相当困难。Conraud J 提出了用灵活约束的四面体化方法来解决这个问题。对于地质体和矿体建模来说，由于存在断层、陷落柱等情况，必须要考虑约束 3DDT 方法。

四面体格网模型具有如下优点：它不仅可以描述空间实体的表面形态，而且通过插值可以较精确地表达空间实体内部的不均一性；由于四面体是用面最少的体元，对其进行的数据操作计算量小，可以有效地进行三维插值运算及可视化；四面体间的邻接关系可以反映空间实体间的拓扑关系；四面体格网模型对边界和内部进行了统一的表达，容易提取边界。例如，利用四面体格网模型建立的地质体模型如图 2.8 所示。但是，构建四面体格网模型的三维空间三角剖分算法复杂，尤其是当地质体边界，如断层作为约束条件时算法将会更加复杂，需要考虑四面体退化等问题。

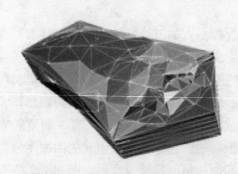

图 2.8 四面体模型建立地质体模型

（2）ARTP 建模方法

ARTP（Analogical Right Triangular Prism）是一种体元，几何形态上是三条棱线垂直水平面、顶底三角形面不一定平行的似直三棱柱的三维数据模型。建模过程主要分为四步：①对所有地层的数据点求并集；②生成以数据点集为基础的 TIN；③对于不同层面的 TIN 模型中三角形顶点的高程值进行插值；④将上下地层面之间对应的三角形连接起来，将地层剖分成 ARTP 体元的集合。ARTP 建模原理如图 2.9 所示。该方法的优点是算法简单，精确表达了表面信息，较精确地表达了空间对象的内部变化特征，很好地解决了正断层和逆断层问题。例如，利用 AR-TP 模型建立煤矿矿体如图 2.10 所示。但是只能针对上下面基本平行的层状矿床，不适合金属矿或者极不规则的矿体形态。ARTP 解决了层状地质体的几何建模，但是对模型优化、模型属性和拓扑关系没有深入研究，基于模型的空间分析还没有开展。另外，由于 ARTP 体元中三角形几何元素的存在，使它可以用来对规则六面体体元和三角形表面相交的不规则体元进行剖分。

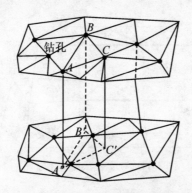

图 2.9　ARTP 建模原理示意图

图 2.10　利用 ARTP 模型建立的煤矿矿体图（VRMINE 示例版）

（3）GTP 建模

利用 GTP 进行三维建模时，在生成地矿表面 TIN 的基础上，从地矿表面中提取 1 个三角形，将这个三角形设置为第 1 个上三角形，然后根据这个上三角形 3 个顶点的地层编码，沿对应的 3 个钻孔向下扩展新三角形（称为下三角形），其上下底面的三角形的集合可以表达不同的地质体的分界面，侧面则可以描述地质体的空间邻接关系，而 GTP 元可以描述地质体形态之间的地质体形态和属性特征。GTP 建模原理如图2.11 所示。利用 GTP 上表面的三角形集合来表达地形时，TIN 面上增加的地形特征作为约束线，或沿着勘探线的钻孔作为约束，这样可以得到有约束条件的 TIN，从而可以表达有特征约束的地形。

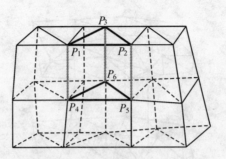

图 2.11　GTP 建模原理示意图

GTP 构模的特点：①基于离散采样数据：直接利用钻孔采样数据，而无需进行空间内插，即可通过钻孔采样数据以 TIN 的形式来模拟地层界面的空间形态，最大限度地保证 3D 地学构模精度。②开发式构模：当有新的钻孔数据或通过物探、化探、测量等手段获得新的地层空间信息时，只需在局部进行修改或扩充，而无需改变整体结果，这就使得 GTP 的局部细化和动态维护很方便。③Pyramid 和 TEN 模型为其退化：基于 TIN 边退化和 TIN 面退化，可以由 GTP 分别导出 Pyramid 和 TEN 模型。当某一个侧边收缩为一个节点时，GTP 退化为 Pyramid；当某一个 TIN 收缩为一个节点时，GTP 退化为 TEN，GTP 的这个特点非常适用于处理断层尖灭、分叉和断层切削等复杂情况。

利用 GTP 来进行三维地质建模具有如下优势：

①直接基于采样数据，以钻孔为数据源，无需利用空间插值来构建地层界面的基础形态，从而最大限度地保证了模型的精度。

②易于局部更新：GTP 体元提供了三种机制，即可以通过 GTP 体元的边相等来扩充、GTP 体元组合的结构调整与 GTP 体元内部分裂来实现模型的更新（扩充、修改和细化），可以不对原始数据产生整体影响，从而为不断利用多种地学模型来进行模型更新提供了基础，例如，利用 GTP 模型建立某矿区地层如图 2.12 所示。

③内含拓扑关系：基于 GTP 模型的 6 类基本元素，即节点、TIN 边、侧边、TIN 面、侧面和 GTP，可以表达它们之间相互的拓扑关系，实现空间体元和空间邻近体元的查询，从而为地层拓扑查询和空间分析提供基础。

图 2.12　利用 GTP 模型建立的某矿区地层图

④与 TIN 模型充分耦合：由于同一地层的 GTP 体元集合的上下界面为 TIN，在不需要进行体积计算、地质统计和开挖体时，可以舍弃上下底面之间的对应连接，直接以 TIN 数据对地层界面进行非真 3D 建模和可视化。

⑤可以发生退化：基于棱边退化，GTP 体元可以发生变形，由 GTP 导出 Pyramid 模型和 TEN 模型，从而为地层分叉、尖灭与断层等复杂地质建模提供了有利工具。

该模型适合于地层比较均匀，钻孔资料比较丰富的矿区地质体建模。对于矿体内部品位的插值比较困难，因此也难以比较精确地计算矿体的储量，更适合于建立地层模型和开挖体模型，对于矿体块段品位插值建模方面的研究则没有涉及。

通过对以上矿体建模方法的分析可以看出，对于形态简单的层状矿体，多采用直棱柱或似直三棱柱等模型对矿体几何形态进行表达；对于形态复杂的非层状矿体，如呈透镜状、囊状不规则状或扁豆状等，利用实体模型和规则体元模型来进行描述的比较多。实体模型建模是利用平面四边形或者三角面的集合来表达实体的表面，该模型不仅能精确地表达矿体的几何形态，而且能在此基础上计算矿体体积和储量、切制矿体任意剖面，并进行三维可视化显示，然而实体模型只能描述矿体的表面形态，是个"空壳"，而且体积和储量计算的精度也难以保证；规则体元建模方法是用规则的体元来表示非层状矿体结构特征，进而进行矿体的体积和储量计算，但是在矿体边界上精度不高。因此，实体模型和规则体元模型相结合的一体化数据模型是表达非层状矿体模型的理想选择。

47

2.4　基于表面-体元一体化数据模型非层状矿体空间构模

由于非层状矿体模型的复杂性，很难用一个通用的三维数据模型来对其进行表达，对此问题学术界的一致观点是，不强求通用模型，而是针对不同的研究领域和应用有目的有针对性地开展研究，并主张采取混合数据模型的形式开展研究。目前，基于混合结构三维数据模型的研究虽然取得了一些成果，但仍然无法满足实际的应用需求。其主要问题就是这些研究大多致力于为 3DGIS 提供一种通用的数据模型，而很少有人进行某个专业领域的数据模型研究，从而导致模型难以实现，无法推广和应用。为了避免类似的情况，本书专门针对复杂非层状矿体这一空间对象进行研究，利用表面-体元一体化的三维数据模型来表达矿体模型。

2.4.1　SVA 模型的提出

有关学者针对通用的 3DGIS 模型提出了矢栅一体化思想，是指对同一对象利用矢量和栅格模型组合起来进行表示，既可以精确地表达对象表面和内部，又适合空间分析，将矢量、栅格数据模型有机地统一起来。受到矢量-栅格一体化空间物体建模思想的启发，根据非层状矿体的特点，提出表面-体元一体化非层状矿体建模的思想：首先，利用规则体元（Volume）模型作为栅格模型建立矿体块段模型，然后，将建立的模型利用轮廓线建立实体（Solid）模型，也就是对矢量模型进行约束，采用这种约束对体元进行划分，分成内部规则体元、外部体元以及与边界不规则相交的体元，其中外部体元可以抛弃不管，因为它不具有矿体内部的属性；内部体元可以通过对根体元的划分得到其空间信息，通过插值得到其属性信息，所以内部的规则体元也比较容易进行组织和管理；但是与表面相交的体元要单独进行处理，边界体元也就是被矿体表面模型切到的体元，采用 Analogical Right Triangular Prism （AR-TP）体元进行剖分，其属性是记录其在被表面剖切前的属性。最后，对整个模型采用多分辨率扩展八叉树进行数据存储管理。

基于上述构模思想，本书提出表面（Solid）-规则体元（Volume）-不规则体元（ARTP）一体化构模方法（简称 SVA 构模），如图 2.13 所示，内部编号 1 至 9 的体元为规则体元，边界为 ARTP 体元，表面模型为 Solid 模型。SVA 一体化数据模型对于建立非层状矿体模型更有效、更优越。

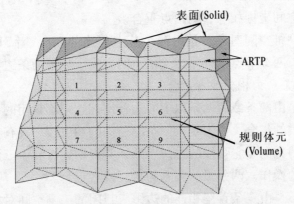

图 2.13 SVA 一体化数据模型示意图

（1）SVA 数据模型几何层面抽象

空间对象的几何描述可以利用构模元素及其集合来实现。将 SVA 数据模型抽象为 8 种基本的几何元素：节点（Node）、边（Edge）、弧段（Arc）、三角形（Triangle）、四边形（Quadrangle）、三角网曲面（TIN Surface）、ARTP、规则六面体（Hexahedron），如图 2.14 所示，相应的定义如下。

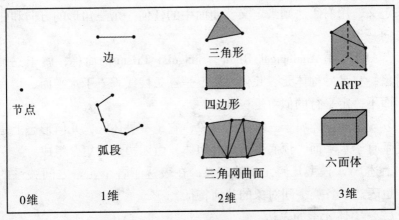

图 2.14 SVA 数据模型 3D 空间构模元素

①节点是具有空间坐标（X，Y，Z）的零维几何元素，在形体定义中不允许存在孤立的点。设点集 Q 是三维欧氏空间 P_i 的节点对象的集合，则对集合中的任意一个点 P_i，有 $Q = \{P_1, P_2, P_3, \cdots, P_n\}$。如果两点的空间坐标相等，则两点重合。

②边是一维空间对象，是由两个节点相连的 2D 或者 3D 空间中的一段。通常，两个节点的顺序定义了边的方向。如果两条边为 E_1 和 E_2，则 E_1 和 E_2 的关系为相交或者重合。

③弧段是由两条或者两条以上的边首尾相连但不封闭的一维空间对象，弧是线段的集合，作为生成三角网曲面的约束。它具有方向性，其包含的线段的方向与它弧段的方向一致，其方向性有利于三角网曲面的生成和相关的操作。两条弧的关系为相交或者重合。

④三角形是由三条首尾相连的边组成封闭的二维空间对象，有方向性，一般用其外法矢方向作为其正向。若三角形的外法矢方向向外，此三角形为正向三角形，反之则为反向三角形。两个三角形的关系可相交于一点、一条边或者重合。

⑤四边形是由四条首尾相连的边组成的封闭的几何体，也属于二维空间对象，有方向性，根据相邻的两个向量的叉积的正负来确定是顺时针还是逆时针，然后用右手定则来判定四边形的方向。两个四边形的关系是相交或者重合。

⑥三角网曲面是由一系列三角形按照一定的规则组织在一起的曲面，为二维空间对象，有方向性，其方向可以利用组成它的三角形的方向来定义，用右手法则来定义。曲面中的任何一个三角形的方向和曲面的方向一致。

⑦ARTP 是 Analogical Right Triangular Prism 的简称，属于三维空间对象，它是一种体元，几何形态上是三条棱线垂直于水平面、顶底三角形面不一定平行的似直三棱柱。

⑧规则六面体属于三维空间对象，它是一种体元，几何形态上是四条棱垂直于水平面，顶底平行的几何体，由四边形的集合组成。

上述 SVA 模型几何元素的定义，在表达了各个元素之间关系的同时，也表达了各类空间对象的几何特征。

（2）实体元素的表达

SVA 数据模型由节点、边、弧段、三角形、四边形、三角网曲面、

ARTP 和规则六面体等 8 种元素组成，可以抽象为点、线、面和体 4 类空间对象，对实体元素的表达如下：

①节点实体（Point）是零维空间对象，如图 2.15 所示，只有空间位置而无空间拓展，可以用来表示三维空间中的点状地物，如钻孔上的见矿点。同时节点实体具有空间位置信息和相应的属性信息，如见矿点具有空间坐标和品位。

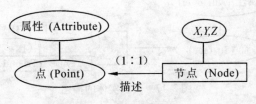

图 2.15　点状实体的描述

②线状实体（Line）是一维空间对象，如图 2.16 所示，由一系列节点按照一定的顺序连接而成的封闭或者不封闭的曲线，可以用来表示三维空间中的线状地物，如勘探线上的钻孔，可以由一个或多个线元素组成。线由起节点和终节点加一系列有序点集表示，也具有空间位置和属性信息。

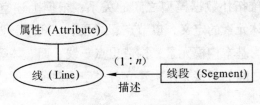

图 2.16　线状实体的描述

③面状实体（Surface）是二维空间对象，如图 2.17 所示，由一系列线段序列按照一定的顺序连接成的闭合区域，可以用来表示三维空间中的面状地物，如矿体表面，可以使用 TIN 来表达，在几何形态上是不规则的，是三维空间中的曲面。面状地物由周边线状实体组成，也具有空间位置和属性信息。

④体状实体（Body）是三维空间对象，如图 2.18 所示，由一系列

体元元素构成，体元元素主要有：规则六面体和 ARTP 体元，可以用来
表示矿体。矿体可以剖分成一系列邻接但不交叉的 ARTP 体元或者是规
则六面体体元的集合。当不需要考虑该实体的内部信息时，可以简单地
用构成该实体的边界面来表达。体状地物是在 ARTP 元素和规则六面体
的基础上包含了自己的属性信息。

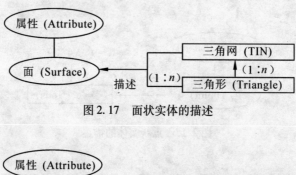

图 2.17　面状实体的描述

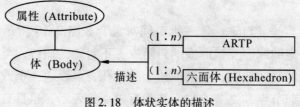

图 2.18　体状实体的描述

⑤SVA 三维拓扑数据模型之间的关系：根据上述空间对象的几何
构模元素和实体元素的定义，以节点、线段、三角形、四边形、ARTP、
规则六面体等为基本构模元素，构造出点、线、面、体等四类对象，并
通过这些元素之间的邻接关系来建立各类空间对象之间的拓扑关系，如
图 2.19 所示。

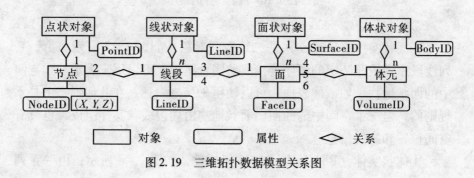

图 2.19　三维拓扑数据模型关系图

2.4.2 基于 SVA 数据模型的矿体构模

（1）空间数据模型层次

空间数据模型是关于地理信息系统空间数据组织和空间数据库设计的基本理论。由概念数据模型、逻辑数据模型和物理数据模型 3 个层次组成，如图 2.20 所示。

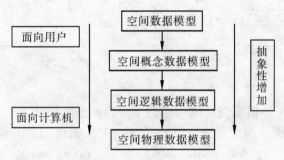

图 2.20　空间数据模型的层次结构

概念数据模型是关于实体及实体间关系的抽象概念集。它考虑用户需求的共性，用统一的语言描述和综合、集成各用户视图。确定用户感兴趣的现象和基本特性，描述实体间的相互关系，是面向用户的，容易向逻辑模型转化。

逻辑数据模型是具体表达概念数据模型中数据实体及其之间的关系，是地理数据的逻辑表达，是抽象的中间层，是用户所看到的现实世界地理空间。

物理数据模型则是逻辑数据模型在计算机中的物理组织、存储路径和数据库结构，是系统抽象的最底层，是面向计算机的。

（2）SVA 数据模型矿体构模的概念数据模型设计

概念数据模型是空间数据模型设计的核心，是独立于任何计算机系统实现的，这类模型着重获得对客观现实的正确认识。三维非层状矿体是具有一定属性和空间几何形态的客观实体，矿体数据模型的描述主要包括两方面内容：①根据构成矿体的属性和几何形态实现对矿体的描述；②矿体几何形态的基本元素组成以及这些元素之间的关系。其概念数据模型如图 2.21 所示。

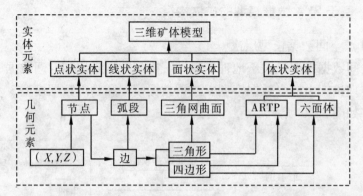

图 2.21　基于 SVA 混合模型建立三维非层状矿体模型的概念数据模型

（3）SVA 数据模型矿体构模的逻辑数据模型设计

图 2.21 表示组成三维非层状矿体空间数据模型的几何元素之间的层次关系以及它们之间的组成关系，为了实现数据模型管理和进一步的空间分析、可视化功能，必须设计出合理的逻辑模型，对矿体概念模型进行数学描述，从逻辑模型可以得到空间实体和构成实体的元素之间的空间层次关系。从图 2.22 中可以看出，矿体模型由规则体元和不规则体元构成，规则体元由规则六面体组成，不规则体元由 ARTP 组成，规则六面体由四边形组成，ARTP 由四边形和三角形组成，四边形和三角形由一系列的边构成，边又是由节点构成，节点由三维空间坐标（X，Y，Z）唯一标识。

（4）SVA 建立非层状矿体模型的构模过程

基于 SVA 一体化数据模型的三维非层状矿体构模过程如图 2.23 所示。

（5）面向对象矿体三维模型的类实现

空间对象的几何描述可以利用构模元素及其集合来实现。根据以上划分,三维矿体模型被划分成 8 种基本的几何元素:节点(Node)、边(Edge)、弧段(Arc)、三角形(Triangle)、四边形(Quadrangle)、三角网曲面(TIN Surface)、ARTP、规则六面体(Hexahedron),采用面向对象的思想对三维矿体基本几何元素进行封装。首先对对象的数据进行抽象,定义从 CObject 类继承来的类 CorebodyElement 为各种基本对象类的抽象基类,基类里包含有各种图形元素所具有的共同基本属性,如图形的类型、颜色、线型和

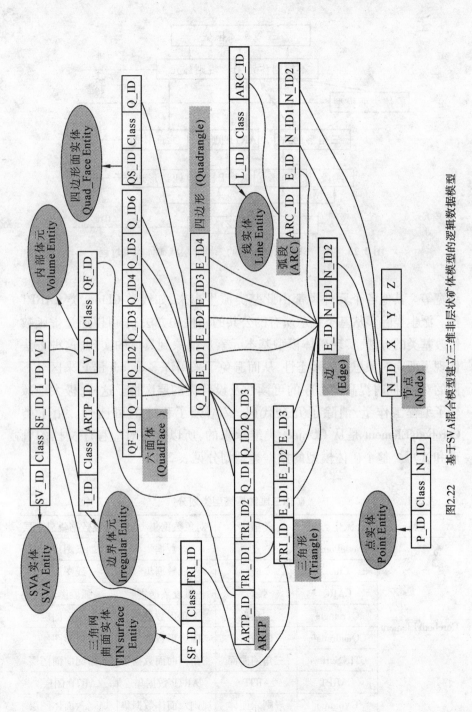

图2.22　基于SVA混合模型建立三维非层状矿体模型的逻辑数据模型

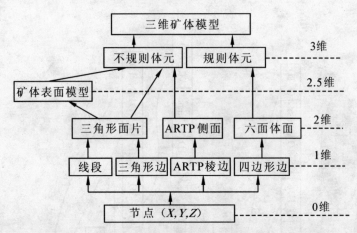

图 2.23 基于 SVA 数据模型的三维非层状矿体构模过程

线宽等。其他各个元件类都由此基类派生出来,如线类 CLine、类 CARPT
等。派生类除了从基类继承所有的公共的属性和方法,还可以通过虚函数
修改基类的方法,实现矿体模型基本元素从抽象到具体的实现,这种方法
体现了面向对象思想的多态性,从而避免了采用许多 switch 语句来区分不
同的对象,同时提高了程序的可读性及设计类的层次性。这样,极大地减
轻了编程工作量,消除了冗余代码,又增强了程序的可读性。由于类
CorebodyElement 是从 CObject 类继承来的,所以方便对应程序文档的管
理和读写。整个矿体模型的数据类型划分见表 2.1。

表 2.1 矿体三维数据模型类划分

基类	派生类	类描述	对象数据集类型	对象数据集显示层
CorebodyElement	CNodePoint3D	点	点数据集	点图层
	Cline	线	线数据集	线图层
	CARC	弧段	弧段数据集	弧段图层
	CTriangle	三角形	三角形数据集	三角形图层
	CQuadrangle	四边形	四边形数据集	四边形图层
	CTIN_Surface	三角网曲面	三角网曲面数据集	三角网曲面图层
	CARPT	ARTP	ARTP 数据集	ARTP 图层
	CVolume	规则六面体	规则六面体数据集	规则六面体图层

2.4.3 SVA 一体化数据模型的优点

SVA 一体化矿体建模方法的提出，为广大的地质矿山工作者们提供了一条新思路，它的主要优点在于：

①基于 Solid-Volume-ARTP 一体化模型在表达三维非层状矿体内部结构的同时又精确地描述了矿体的表面形态。其中，内部采用的规则体元和边界采用的 ARTP 体元都是一种基本体元，本身就可以用来表达空间对象的体信息。利用 ARTP 体元内部具有三角形结构的优点，可以精确地表达矿体表面体元的信息，也就是说它不仅精确地描述了矿体的形态，弥补了规则体元无法精确表达空间对象边界的不足，还可以模拟矿体内部特征。同时，该模型改善了可视化的效果，为高精度的空间分析做好了准备；

②采用 Solid-Volume-ARTP 一体化模型建立的模型简单，降低了建模的复杂度，将表面建模思想融入到体元建模，避免了传统体元建模方法为提高精度而逐步细化带来的繁重工作量的问题；

③采用 Solid-Volume-ARTP 一体化模型的三维数据模型和数据结构，可以比较容易地进行矿体的剖切处理，剖切算法简单；

④采用 Solid-Volume-ARTP 一体化模型的规则体元和不规则体元有利于采用有效的方法来对数据进行压缩存储。

2.5 SVA 数据模型的存储

2.5.1 SVA 一体化数据模型的数据结构

数据结构是对数据模型的逻辑表达和具体体现，是构建三维数据模型的基础，合理的数据结构是建立数据模型成功与否的关键。如何选择数据结构，使数据精度和数据量在系统实现中达到平衡，也是三维数据生成中的一个难点。

在 SVA 一体化数据模型中，我们设计了节点、边（包括三角形边和 ARTP 棱边）、弧段、三角形、三角网曲面、四边形、ARTP、规则六面体共 8 种基本元素的数据结构以及 SVA 一体化数据模型的数据结构。

（1）节点数据结构

```
Struct  NodePoint3D
{
long     ID;                        //标识码
double XCoor, YCoor, ZCoor;         //三维 x, y, z 坐标
int      ArcNO;                     //相关联的弧段数
long     * pArcID;                  //相关联的弧段标识
double   * PointAttribute;          //点的属性
int      m;                         //点的属性个数
};
```

（2）三角形边的数据结构

```
Struct Tri_Edge
{
long           ID;                  //标识码
NODE           BegNode;             //三角形边的起点
NODE           EndNode;             //三角形边的终点
int            LTriID;              //三角形边的左三角形标识
int            RTriID;              //三角形边的右三角形标识
double         * TRI_EDGEAttribute; //三角形边的属性
int m;                              //属性个数
};
```

（3）ARTP 棱边的数据结构

```
Struct ARTP_Edge
{
long      ID;                       //标识码
NODE      BegNode;                  //ARTP 棱边的起点
NODE      EndNode;                  //ARTP 棱边的终点
int       QuadNO;                   //相关联的四边形数
int       * pQuadID;                //相关联的四边形标识
double    * pQAttribute;            //ARTP 棱边的属性
int m;                              //属性个数
};
```

（4）弧段的数据结构

```
Struct ARC
{
long          ID;                        //标识码
NODE          BegNode;                   //弧段的起节点
NODE          EndNode;                   //弧段的终节点
int           MP_NO;                     //中间点数
double        *x, *y, *z;                //中间点坐标序列
long          * pArcID;                  //相邻的弧段标识
double        * ARCAttribute;            //弧段的属性
int m;                                   //属性个数
};
```

（5）三角形面片的数据结构

```
Struct Triangle
{
long    ID;                          //标识码
int     FP_ID, SP_ID, TP_ID;         //第一点、第二点、第三点的
                                       标识
int     FE_ID, SE_ID, TE_ID;         //第一边、第二边、第三边的
                                       标识
int     FN_TRI_ID, SN_TRI_ID, TN_TRI_ID;
                                     //相邻三个三角形的标识
double  * TriangleAttribute;         //三角形面片的属性
int m;                               //属性个数
int     IDincludeTri;                //TRI 所在体元的标识
};
```

（6）三角网曲面的数据结构

```
Struct TIN_ Surface
{
long ID; //标识码
CArray<ARC *, ARC * >ARC            //组成曲面的弧段
CArray< Triangle * , Triangle * > Triangle
                                    //组成三角网曲面的三角形
```

59

}

（7）四边形的数据结构

Struct Quadrangle

{

long　　　ID；　　　　　　　　//标识码

int　　　FP_ID, SP_ID, TP_ID, FourP_ID；

　　　　　　　　　　　　　　　//第一点、第二点、第三点、第四
　　　　　　　　　　　　　　　点的标识

int　　　FTriEdgeID, STriEdgeID；

　　　　　　　　　　　　　　　//两条三角形边的标识

int　　　FARTPEdgeID, SARTPEdgeID；

　　　　　　　　　　　　　　　//两条 ARTP 棱边的标识

int　　　L_ARTP_ID；　　　　//相邻左 ARTP 体元的标识

int　　　R_ARTP_ID；　　　　//相邻右 ARTP 体元的标识

double　　　* Quadrangle Attribute；

　　　　　　　　　　　　　　　//四边形面片的属性

int m；　　　　　　　　　　　//属性个数

int　　　IDincludeQuad；　　　// Quad 所在体元的标识

};

（8）ARTP 体元的数据结构

Struct ARTP

{

long　　　ID；　　　　　　　　　//标识码

int　　　TriID [2]；　　　　　　//两个三角形的标识

int　　　QuadID [3]；　　　　　//三个四边形的标识

double　　　* ARTPAttribute；　　//点的属性

int m；　　　　　　　　　　　　//点的属性个数

};

（9）规则六面体体元的数据结构

Struct Volume

{

```
Long  ID；                           //标识码
 Int QuadID ［6］；                  //六个四边形的标识
double        *  VolumeAttribute；   //点的属性
int  m；                            //点的属性个数
}
```

（10）SVA 的数据结构

```
Struct SVA
{
long  ID；//标识码
CArray< Triangle * , Triangle * > Triangle ;
                        //组成 SVA 的三角网曲面
CArray< ARTP  * , ARTP  * > ARTP;
                        //组成 SVA 的 ARTP 体元
CArray< Volume  * , Volume * > Volume;
                        //组成 SVA 的正六面体体元
}
```

2.5.2　SVA 一体化数据模型的压缩存储

传统的表面-体元混合数据模型建立非层状矿体模型的过程中，处理矿体边界就是对边界体元不断地细分，用细分的长方体或者六面体体元的各个平面来近似拼接大的曲面，这样的模型始终是一个近似，而且体元越小，数据量越大。SVA 一体化的数据模型在数据存储上则针对传统混合数据模型建立矿体模型的这一不足提出了相应的规则体元和不规则体元的存储和数据压缩存储算法。

对矿体模型的体元数据进行压缩，从两个方面入手，一方面是减少数据信息量，另一方面就是减少数据量。减少数据信息量则考虑利用比较高效的编码方法，即对原始的八叉树编码方法进行改进；减少数据量则考虑减少八叉树的分解层次，对传统的八叉树模型划分方法和合并方法进行改进。

SVA 数据模型充分考虑了非层状矿体模型的内部信息和矿体的边

界信息，把矿体模型分成了内部的规则体元和边界的不规则体元，由于这种数据模型的特殊性，则考虑利用扩展八叉树模型对矿体体元进行压缩存储。扩展八叉树可以对在传统八叉树模型中被认为是灰色节点的那些实体的表面节点、顶点节点和线节点进行单独存储，这样就可以利用这些新增加的面节点、边节点和顶点节点来处理那些矿体边界的不规则体元，而内部的规则体元采用传统八叉树的方法进行压缩存储，其对体元的搜索过程如图 2.25 中 *ABCDEFGH* 所示，但是针对在三维空间上尺度相差较大的情况，则可以利用多分辨率的八叉树进行存储，这样就保证了矿体模型在重构时合并的次数相对传统八叉树少得多，其存储过程如图 2.24 和图 2.25 所示。

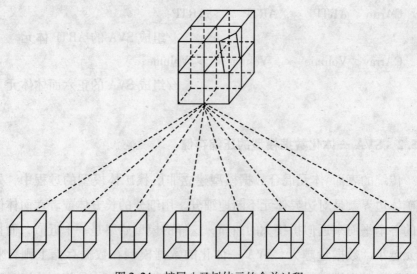

图 2.24　扩展八叉树体元的合并过程

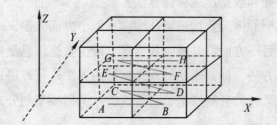

图 2.25　形成八叉树模型的体元搜索路径示意图

利用八叉树对体元数据进行压缩，还可以从编码方法上进行改进，以期望减少记录这些体元数据的信息量。通过对原始的编码方法进行改进，得到一种比较高效的编码方法来对矿体模型进行编码，以更进一步达到数据压缩的目的。

2.6 本章小结

数据模型是对现实世界中的数据和信息的抽象、模拟，是数据组织和数据处理算法设计的理论基础。本章主要包括以下三个方面的内容：

①根据非层状矿体的性质，分析了矿体的空间特征、属性特征和时间特征，论述了建立三维矿体模型的影响因素；

②通过对现有的几种矿体建模方法优缺点的比较后得到结论：采取一体化数据模型对建立三维非层状矿体模型是合理的，因此，本章基于矢量-栅格一体化的三维数据建模思想提出了 Solid-Volume-ARTP（SVA）一体化数据模型，为三维非层状矿体模型的研究提供了理论支持。此外，在 SVA 数据模型的基础上，设计相应的概念模型、逻辑模型及其几何元素的数据结构；

③对于利用 SVA 数据模型建立矿体模型的数据量比较大的弊端，从减少数据量和减少数据信息量两个角度来考虑问题，提出了利用改进的编码方法来对块段模型进行编码压缩，以及利用多分辨率扩展八叉树模型进行块段合并压缩的技术方法，在不影响可视化效果的情况下对矿体模型进行压缩。

第3章 非层状矿体块段插值建模关键技术

目前,国内大多数对非层状矿体建模的研究都只体现在对矿体表面模型的研究,而很少涉及矿体内部模型的研究,恰恰矿体内部数据的分布规律能够体现矿体形成时的外部构造环境,对预测找矿和矿山开采有很重要的指导意义,因此,非层状矿体内部属性特征的研究更显重要。然而在矿体的探测过程中,由于受到探测手段和探测工程量的限制,反映矿体内部属性的原始数据比较稀少,要全面认识矿体,必须对矿体进行空间数据的插值,得到矿体内部各部分的属性特征,以便对矿体进行全面分析和研究。因此,在非层状矿体内部建模时,首要的任务是实现矿体内部数据的正确、有效插值。

3.1 三维空间数据插值方法

空间数据插值是指给定一组已知空间离散点数据,从这些数据中找到一个函数关系式,使该关系式最好地逼近这些已知的空间数据,并根据该函数关系式推导出区域范围内其他任意点的值。

通常情况下,地质和采矿学专家首先通过研究矿体的空间形态,摸清其分布规律。其次是通过研究它的内部特性,探寻和揭示矿体内部特性的变化规律。在对矿体的研究中,由于矿体内部的观测点数据(矿体的勘探工程数据)有限且多数为离散数据,若要对它进行科学、系统的定量研究,一般情况下数据量不能满足研究要求,还必须大量补充数据及资料。补充途径通常有两种:一是补充勘探工程,获得实际的勘探资料,但需要投入大量的资金和时间;二是依据矿体内部的已知数据对其他区域进行空间数据插值,插值得到的数值虽然存在小误差,但投资较少且精度能满足研究和生产需求。因此,空间数据插值方法成为资料补充的一种有效的方法。

3.1.1 传统插值方法

在插值研究中，一般二维空间数据插值的方法也比较完善，根据算法的基本假设和数学本质，可以将其分为几何方法、统计方法、空间统计方法、函数方法、随机模拟方法、物理模型模拟方法和综合方法等。对矿体进行三维空间数据插值时，有很多研究是把对三维矿体空间的数据插值转换成二维空间的数据插值，但随着三维可视化软件的出现和功能的不断完善，真三维环境下的矿体三维可视化技术也得到了飞速的发展，三维非层状矿体的空间形态模拟及三维空间数据插值也成了可能。其中，比较典型的三维矿体插值方法有影响多边形法、距离倒数加权法和空间四面体插值方法等。

影响多边形法是矿产储量计算中比较常用的方法之一，我国的许多矿山都用它来进行估算品位、储量。此算法计算简单，以各个钻孔见矿点为中心，把矿体分为若干个多边形块段，然后分别计算各块段的储量，未采样点的值等于与它距离最近的采样点的值，对待估块段的形态没有特殊要求，但是钻孔间距较大，其估计误差较大。

距离倒数加权法的基本思想是：在对某点进行插值时，插值点是由累加每个参与估计的样品品位乘以该品位到估计点中心距离平方的倒数，最后乘以距离平方的倒数之和来确定块段的平均品位，插值的大小与插值点和实测点之间距离 D 的 P 次幂成反比。也就是说，距插值点近的实测点的影响大，权值也大；距插值点远的实测点的影响小，权值也小。这种方法的优点在于算法简单，易于实现，在进行插值时其结果处在用于插值数据的最大值和最小值之间。当然，在数学上采用这种方法也是有缺点的。它没有考虑数据场在空间中的分布，往往会因为采样点的分布不均而使得插值结果产生偏差。另外，由于插值结果肯定介于估值点的最大值和最小值之间，因此会因为采样点的不均匀而对空间场造成错误的估计。

空间四面体插值方法就是先通过对散乱的空间采样点进行剖分，形成空间四面体集合，以此来代表整个样品区域空间，再利用插值函数来对各种空间点变量的属性进行插值，最后根据属性估计结果来对研究变量进行划分的方法。每个四面体以 4 个空间散乱点为顶点，四面体内空间点的变量属性值受 4 个顶点属性的控制，并采用插值函数来估计，插值函数的参数由 4 个顶点变量的属性值决定，通过四面体剖分插值得到整个区域内连续变量的属性值，根据属性值可以对插值属性进行划分。各划分区间有自己特定的标号，同时各个划分区间可以被赋予新的属性值。它是三角剖分的三维推广应用，规则为剖分结果符合"空球判据"标准，即每个剖分后的四面体外接球内不含有任何三维空间点集中的任一点，使各四面体更接近于正三棱锥，这样就避免了狭长四面体的存在，从而使离散数据采样点对整个空间数据场的影响尽可能均匀化、局部化，但是这种插值方法算法实现起来比较困难。

传统的三维插值方法应用到规则矿体进行插值，如果应用适当，可以满足矿山日常需求。目前，国内多数矿山采用这些方法，但是它们也有一些缺点：

①把部分钻孔的品位当作块段品位或者把部分钻孔的品位延伸到某个块段。由于复杂非层状矿体品位变化大，一个样品的品位不可能正好是它影响范围的品位时，就可能产生系统误差。

②未考虑品位的空间变异性。在多数情况下，各个方面的变异性大小不同，对待估块段而言具有同样距离、不同方向的样品应该不同，而传统方法没有考虑到这一点。

③没有考虑矿化强度在空间的分布特征。传统的方法只能给出一个块段的平均品位，不能得出矿化强度的分布特征。

④局部插值可剔除"局部点"，但尚未能考虑"从聚效应"及对象属性的各向异性。

⑤精度无法检验。

⑥传统估值方法所计算的矿石储量、吨位及相应的开采境界，对边界品位变化的适应能力差。

地质统计学方法充分考虑了研究对象属性的空间相关性和变异性，易于构造规则体模型。因此，本书采用地质统计学中的克里格法对非层状矿体的属性进行插值。

3.1.2 地质统计学插值方法研究背景

20 世纪 50 年代初期，南非采矿工程师克里格（D. G. Kriging）认识到，为了较精确地估计块段品位，一定要考虑样品的尺寸以及相对于该块段的位置，因此他提出了一种回归分析的方法，给每一个样品赋予一个加权系数，然后将各个样品的品位数值的线性组合作为该矿品位的估计值。1962年，法国学者马特隆（G. Matheron）将克里格的经验和方法上升为理论，他首先对采样值随着采样点位置不同而变化的关系作了定量分析，引入区域化变量概念的克里格方法，以区域化变量理论为基础，以变异函数为基本工具，用来研究分布于空间并呈现出一定的结构性和随机性的数据场，并提出了一套完整的估计误差的理论，形成了区域化变量函数的雏形，从而为地质统计学理论体系的形成创造了条件。对空间点数据进行插值能够避免传统方法的缺点，认为空间连续变化的属性是不规则的，不能用简单的平滑数学函数进行模拟，但是可以用随机表面给予较恰当的描述。

美国斯坦福大学应用地球科学系儒尔耐尔教授1978年出版了地质统计学经典论著 *Mining Geostatistics*，这一论著对地质统计学进行了系统的论述，以有关的30种不同类型的矿床实例研究总结了地质统计学在矿业中应用的实际经验，为地质统计学在以后的实际应用中的发展奠定了坚实的基础。

在地质统计学软件开发方面，国内外已经有一些软件出现，软件的核心为可选用和组合使用的多种多样的地质统计学算法，有基础常用的地质统计学算法，也有反映地质统计最新的研究成果的试验性的新算法。该类软件比较有代表性的是法国的 ISATIS 地质统计学标准版，该软件由巴黎高等矿院地质统计学研究中心完成。由于该软件的研究特性，其掌握使用难度较大，对于熟悉地质统计学和计算机操作的用户，要接受几天的培训，并且在导师的指导下做一个应用实例以后才能初步掌握该软件的使用。对于非地质统计学的其他专业技术人员来讲，要想掌握这一软件，则需要的时间更长。

加拿大 IGC 及 LYNX 地质系统工程公司，开发出在地质数据库基础上进一步研制储量计算系统及采矿设计规划系统时，采用地质统计学方法，直接生成地质柱状图、工程平面图、剖面图、矿体克里格模型的投影图、变差函数的拟合图、矿床储量动态品位-吨位直方图等功能。

加拿大国际地质统计学软件系统开发公司开发的地质统计学软件以普通克里格方法为主，协同克里格、指示克里格、对数克里格、析取克里格为辅。加拿大矿产和能源中心开发了地质统计学程序系统，将地质统计学应用于矿床模拟、异常分析，实现了勘探网度的合理选择、矿体边界圈定、矿产储量估计等功能。

美国的 Newmont 公司是一家重要的从事金矿开采的公司，该公司利用钻孔数据建立矿床模型，其过程是：利用人机交互进行矿体圈定，编制剖面图、平面图、中段图，并进行统计法分析，作直方图、变异函数图、最后对块段品位进行克里格法估计。

通过研究发现，国外矿山的各种设计、计划和计算大多是基于地质统计学方法建立的非层状矿体三维块段模型，而不是基于直接连接取钻孔样点（测点）圈定矿体。

在国内，从 20 世纪 80 年代也相继开发了和正在开发一批与生产实际紧密联系的地质统计学软件，如长沙有色金属设计院开发的地质统计学程序，北京科技大学地质系针对地质勘探单位开发的普通克里格、泛克里格、指示克里格以及协同克里格法等软件，马鞍山钢铁设计院开发的地质统计学储量计算软件，等等。然而，由于受矿山设计方法和传统习惯的制约，以块段表示的非层状矿体虽然也有一些研究成果出现，但是国内的软件往往是一两个单位针对某一个矿山的特定需要而研制出来的，其覆盖范围、涉及领域和功能都很有限，不能适应不同的矿山的需要，因此通用性较差，至今没有在矿山设计中得到普遍的应用。目前，国内在地质方面还在沿用传统方法：地质人员解译钻孔，揭露地层数据，圈定剖面矿体边界线，绘制采掘工程平面图和生产勘探剖面图，在平面图和剖面图的基础上计算储量，进行开拓设计、采准布置、切割回采等工作。

3.1.3　地质统计学克里格插值方法的优点

地质统计学中的克里格插值方法是一种求最优线性无偏内插估计量的方法。从这个意义上说，只有这种方法才是一种真正的三维数据插值方法，与其他的插值方法相比具有以下优点：

①克里格插值建立在对空间信息充分了解的基础上，因而在计算时可以充分结合空间信息，较大程度地减少了盲目性。

②由于克里格插值充分考虑了估计点的空间位置，一般情况下，估计点离待估点越近，其权系数越大，但如果在某一方向上几个估计点之间的距离较近，那么这几个点的权值将会有较大的差别，其中，靠近待估点的权重较大，而稍远一些的权重就变得很小，这种现象类

似电场中的电荷之间的作用，称为"屏蔽效应"，该效应可以消除由于采样不均带来的误差。

③在进行克里格插值时，根据待估点与估计信息点之间的方位选用不同的变差函数。因此，其估计结果也反映了地学现象的空间各向异性，可以通过实验变差函数剔除掉"局外点"。

④克里格插值可以给出估计方差的大小，因而可以从一定程度上得出估计的准确程度。

通过上述分析，可以得出结论：应用地质统计学的克里格方法对非层状矿体的块段进行插值正好避免了传统插值方法的缺点。因为克里格插值方法的加权因子是以矿床的各个方向变异函数的参数为基础计算出来的，这种加权方法充分考虑了矿体形态的空间变化及其品位空间变化特征，并且采用了无偏的、误差最小的数理统计方法计算样品的加权因子和块段的品位。

3.2 地质统计学理论基础

3.2.1 地质统计学概述

地质统计学是以区域化变量理论为基础，以变异函数为工具，研究那些在空间分布上既具有随机性又具有结构性的自然现象的科学。因此，凡是应用到空间分布数据结构性和随机性，并对结构性和随机性进行最优、无偏的估计，或者要模拟所研究对象的离散性、波动性以及其他特性时可应用地质统计学的理论和方法。

地质统计学研究的内容主要包括：区域化变量空间变异结构分析、变差函数理论、克里格空间估计以及随后发展起来的随机模拟，其中变异函数理论和区域化变量的空间变异结构分析等重要内容是进行空间克里格估值的基础和前提。

3.2.2 区域化变量的特性

所谓区域化变量是指以空间点的三维坐标 (X, Y, Z) 为自变量的随机场，对它进行观测后，得到了它的一个实现；区域化变量具有两重性：观测前将其看成一个随机场，观测后又可将其看成一个点函数。马

69

特隆定义的区域化变量是：一种在空间上具有数值的实函数，它在空间上的每一个点取一个确定的值，即当由一个点到下一个点时，函数值是变化的。区域化变量有两个性质：

①结构性：即某地质特征在点 X 与 $X+H$ 处的数值 $Z(X)$ 与 $Z(X+H)$ 具有某种程度的自相关，这种自相关依赖于分隔该两点的向量和矿化特征；

②随机性：即区域化变量具有不规则的特征。

从地质科学及采矿工程方面来看，区域化变量具有以下几种属性：

①空间局限性：区域化变量被限制在一定的空间上，该空间称为区域化变量的几何域，区域化变量是按照几何支撑来定义的；

②连续性，不同的区域化变量具有不同的连续性，这种连续性是通过区域化变量的变异函数来描述的；

③各向同性与各向异性：当区域化变量在各个方向上具有相同性质时称为各向同性，否则称为各向异性；

④相关性：区域化变量在一定范围内呈现一定的空间相关，当超过这一范围之后，相关性变弱直至消失；

⑤变异性的可叠加性：对于任意一个区域化变量而言，特殊的变异性可以叠加在一般的规律之上。

非层状矿体内部品位的变化则是以三维坐标 (X, Y, Z) 为自变量的随机场，可以看作是以三维坐标为自变量的函数，因具有上述性质，所以可以作为区域化变量来分析。

3.2.3　变差函数的确定

变差函数理论是克里格空间估值的基石，是地质统计学的三大组成部分之一，一个区域化变量的变差函数描述的是这个变量在空间中的变异性，而一个空间变异性是指这个变量在空间中如何随着位置的不同而变化的性质，变异函数通过其自身的结构及其各项参数从不同的角度反映其空间变异性，确定变差函数的过程就是对空间变异性进行结构分析的过程。

1）变差函数理论模型的参数

变差函数理论模型参数一般包括：变程（Range，一般用 a 表示）、基台（Sill，一般用 $C(0)$ 表示）、拱高（一般用 C 表示）、块金常数

（Nugget，一般用 C_0 表示），如图3.1所示：变程 a 表示从空间相关性状态（$|h| \leqslant a$）向不存在相关性状态（$|h| > a$）转变的分界线；变差函数在原点处的间断性称为"块金效应"，相应的常数 $C_0 = \lim\limits_{h \to 0} r(h)$ 称为"块金常数"；基台 $C(0)$ 是具有协方差函数：$C(h) = C(0) - r(h)$ 的二阶平稳区域化变量 $Z(x)$ 的先验方差，$\mathrm{var}[Z(x)] = C(0) = r(\infty)$；拱高 C 为变差函数中基台 $C(0)$ 与块金常数 C_0 之差。

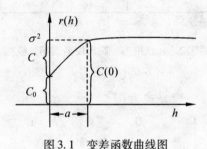

图3.1　变差函数曲线图

2）变差函数的理论模型分类

地质统计学是以区域化变量理论为基础的，而变差函数是研究区域化变量的最基本的函数，变差函数通过其随机性和结构性反映区域化变量的空间变异性，又通过变差函数理论模型把这一信息并入到克里格估计中，从而提高了估计的精度和可靠性。变差函数理论模型一般分为有基台值和无基台值两大类。

（1）有基台值的理论模型

该类变异函数理论模型的区域化变量 $Z(x)$ 具有协方差函数。模型中的基台值就等于 $Z(x)$ 的先验方差。有基台值的变差函数理论模型包括：球状模型、指数模型、高斯模型、纯块金效应模型等，如图3.2所示。

①球状模型。其一般公式为：

$$r(h) = \begin{cases} 0, & h = 0 \\ C_0 + C\left(\dfrac{3h}{2a} - \dfrac{h^3}{2a^3}\right), & h \in (0, a] \\ C_0 + C, & h > a \end{cases} \tag{3.1}$$

球状模型在原点附近的性状是线性的。

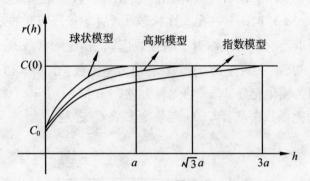

图 3.2 球状模型、高斯模型、指数模型

②指数模型。其一般公式为：

$$r(h) = \begin{cases} 0, & h = 0 \\ C_0 + C\exp(-\dfrac{h}{a}), & h \in (0, 3a] \\ C_0 + C, & h > a \end{cases} \quad (3.2)$$

指数模型在原点附近的性状是线性的，它和球状模型的差别在于原点处的切线与水平坐标轴的夹角不同。

③高斯模型。其一般公式为：

$$r(h) = \begin{cases} 0, & h = 0 \\ C_0 + C\exp(-\dfrac{h^2}{a^2}), & h \in (0, \sqrt{3}a] \\ C_0 + C, & h > a \end{cases} \quad (3.3)$$

该模型在原点附近的性状为抛物线性。

④纯块金效应模型。其一般公式为：

$$r(h) = \begin{cases} 0, & h = 0 \\ C(0), & h > 0 \end{cases} \quad (3.4)$$

与观测点之间的距离相比，纯块金效应模型在非常小的变程上便达到了基台值。

（2）无基台值的理论模型

无基台值的理论模型一般为：幂函数模型（图 3.3）、对数函数模型、空穴效应模型等。

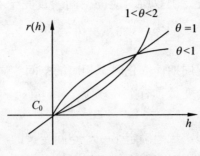

图 3.3　幂函数模型

幂函数模型：$r(h) = C_0 + Ch^\theta$, 　　$0 < \theta < 2$

当 $\theta < 2$ 时是一个必要条件，当 $\theta \geqslant 2$ 时幂函数模型就不是条件指定的了。

除了上述的几种常用的模型以外，还有其他类型的变差函数模型。在实际的地质工作中，理论变差函数大多采用有基台值模型的球状模型。

空间变异性的结构分析是指变量在空间中如何随着位置的不同而变化的性质，空间变异性是一种统计性质，对其研究是利用克里格估值的必要前提之一。空间变异性结构是描述空间变异性的一种具体形式。变差函数作为定量描述空间变异性的一种统计学工具，通过其自身的结构及其各项参数，从不同的角度反映了空间变异性结构。利用变差函数可以对空间变异性结构的下列要素进行分析：

（1）连续性

球状模型、指数模型都是连续的变差函数理论模型，这两个模型在原点附近的性状都是线性的，相应的空间变量都具有均方差意义下的连续性，所对应的估计结构比较稳定。高斯投影在原点处呈抛物线性状，代表这比前两种具有更好的连续性，但该模型对应的估计结果往往对采样数据的变化比较敏感，不稳定。

（2）块金效应

变差函数曲线在原点处不连续，说明对应的空间变量是不连续的，称该空间变量具有块金效应，变异函数中的块金常数越大，空间变量的间断性也就越大。

（3）纯块金效应

纯块金效应的变差函数所对应的空间变量完全不具有空间相关性，这种变量的取值就是"白噪声"。

（4）空穴效应

当变差函数呈现周期性变化时，相应的空间变异性就具有周期性变化的特点，称对应的变量具有空穴效应。

（5）影响范围

变差函数的变程定量地确定了一个空间变量的影响范围，是空间变异性的一种度量。在变程范围内，空间变量在任意两点处都是空间相关的，超过这一范围就不相关了。变程越大，空间变异性越小，反之，则空间变异性越大。

（6）尺度效应

不同尺度下的变差函数是不相同的，小尺度下的变差函数对应的是微观空间变异性，而大尺度下的变差函数对应的是宏观空间变异性。

（7）各向异性

各向异性指的是在不同方向上具有不同的变异性，空间变量如果具有各向异性，确定变差函数时需要计算各向异性方向和各向异性比值。

（8）空间相关性

空间相关性是空间变异性基本要素中最重要的一种，它反映了空间变量在不同位置之间的相关程度。空间相关性不仅表达了利用空间变量在一个点处的值来估计另一个点处的值的可靠程度，而且为这种估值提供一种定量的信息。空间相关性的大小直接由变异函数本身的数值来反映。当空间两点距离一定时，变差函数值越大，说明两点处数值的相关性就越差。

3）结构分析

非层状矿体模型的变异性可以通过试验变差函数来体现，而这种试验变差函数通常都是由多种原因引起的。可能是由于在同一个方向上的各种尺度上的变化引起的，也可能是不同方向上的属性变化引起的。本书研究的矿化现象是各向异性的，如某个矿体在走向、倾向、垂向方向上的变化规律不一样。因此反映在变差函数上，就是各个方向上的变差函数不一样。因此，需要对不同方向上的试验变差函数进行套合。

（1）各向异性的概念

以 $Z(x)$ 为三维区域化变量。其三维变差函数能表示为 $\gamma(h) = r(h_u, h_v, h_w) = \sqrt{\gamma(h_u^2) + \gamma(h_v^2) + \gamma(h_w^2)} = \gamma(r)$ ，则称区域化变量 $Z(x) = Z(x_u, x_v, x_w)$ 为各向同性的区域化变量，反之，若 $\gamma(h_u, h_v, h_w)$ 不能表示为 $\gamma(r)$ 的形式，则称区域化变量 $Z(x_u, x_v, x_w)$ 为各向异性的区域化变量。这样，就要对在各个不同方向的变差函数进行套合。

（2）各向异性分类

各向异性按照其性质分可以分为几何各向异性和带状各向异性。

①几何各向异性：当各个方向上的变差函数具有相同的基台值 C 和不同的变程 a_1，a_2，$\cdots$，$a_i(i = 1, 2, \cdots, n)$ 时，则这种各向异性为几何各向异性。大变程和小变程的比称为各向异性比，$K_1 = \dfrac{a_3}{a_1}$ 和 $K_2 = \dfrac{a_3}{a_2}$。

从物理意义上讲，在 C 方向上的距离为 h 的两点间的平均变异程度与在 B 方向上距离为 $K_1 h$ 和 A 方向上 $K_2 h$ 的两点间平均变异程度相同，如图 3.4 所示。以三维空间为例，假设三个方向上为球状模型，且块金效应为 0，只是变程不同，其方向-变程图为一个椭球。

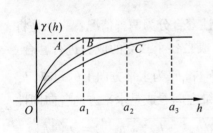

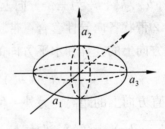

（a）几何各向异性变差函数图　　　（b）三维几何各向异性的方向-变程图

图 3.4　几何各向异性属性示意图

②带状各向异性：凡是不能通过坐标的线性变换转化为各向同性的各向异性，均称为带状各向异性。也就是说，当区域化变量在不同的方向上的变化性不能用简单的几何变换而成各向同性，均称为各向异性。各向异性的区域化变量 $Z(x)$，在不同方向上的变差函数都具有不同的基台值，而变程值可以相同，也可以不同。图 3.5 为三个方向上的带状

各向异性（假定块金常数均为 0）。

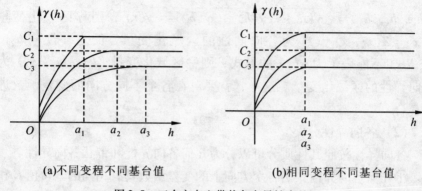

(a)不同变程不同基台值　　　　　　(b)相同变程不同基台值

图 3.5　三个方向上带状各向异性变差图

（3）各向异性套合

对各向异性结构，只有被转化成各向同性的结构才可以进行套合。

①几何各向异性套合：几何各向异性套合为各向同性，主要按照下式进行：

$$\gamma(h') = \gamma\left(\sqrt{{h'_u}^2 + {h'_v}^2 + {h'_w}^2}\right)$$

其中，h'_u，h'_v，h'_w 为三个方向上的距离。

②带状各向异性套合：带状各向异性套合分为两种情况：一种是将垂直方向上的变异和水平方向的变异看成是各个独立的成分进行套合。$\gamma(h) = \gamma_1(h_w) + \gamma_2\left(\sqrt{h_u^2 + h_v^2}\right)$，其中 h_u 和 h_v 为水平方向上的距离，h_w 为垂直方向上的距离；另外一种是将三维空间看成是水平方向各向同性 $\gamma\left(\sqrt{h_u^2 + h_v^2}\right)$ 一样的各向同性结构 $\gamma_1\left(\sqrt{h_u{}^2 + h_v{}^2 + h_w{}^2}\right) = \gamma_1(|h|)$，而把总的套合结构 $\gamma(h)$ 看成是在 $\gamma_1(|h|)$ 基础上叠加了一个在垂直方向上多出来的附加结构 $\gamma_2(h_w)$，即 $\gamma(h) = \gamma_1(|h|) + \gamma_2(h_w)$。若以 $\gamma(h_w)$ 为垂直方向上的结构，$\gamma_1(h_w)$ 为各向同性时 $h_u = h_v = 0$ 时的结构，则总的结构为：

$$\gamma(h) = \gamma_1(|h|) + \gamma(h_w) - \gamma_1(h_w) \tag{3.5}$$

③一般结构模型套合：根据上述各向异性的套合方法，可以得到一般各向异性的套合结构如下：

$$\gamma(h) = \sum_{i=1}^{N} \gamma_i(|h_i|) \qquad (3.6)$$

3.2.4 克里格插值

对于任何一种估计方法，都不能要求计算出的平均品位估计值和它的实际值完全一样，也就是说偏差是不可避免的，然而我们要求一种估计方法应当满足以下两点：

①所估计块段的实际值与其估计值之间的偏差平均为 0，即估计误差的期望值应该等于 0，我们称这种估计是无偏的。无偏是指，平均说来，品位的任何过高或过低的估计，以及由此而引起的矿石储量的过高或过低估计都是危险的，因此应尽量避免。

②块段的估计品位与实际品位之间的单个偏差应该尽可能的小，即误差平方的期望值应该尽可能的小。因此，最合理的估计方法应该是提供一个无偏估计且估计方差为最小的估计值。

最常用的估计方法是用样品的加权平均求估计值，也就是说，对于任何一个待估块段 V 的真实值 Z_v 的估计值 Z_v^* 是通过该待估块段影响范围内 n 个有效样品值的线性组合得到的，

$$Z_v^* = \sum_{a=1}^{n} \lambda_a Z_a \qquad (3.7)$$

式中的 λ_a 是加权因子，是各种品位在估计 Z_v^* 时的影响大小，而估计方法的好坏就取决于如何计算或者选择加权因子。

对于给定的待估块段 V 的品位和用来计算估计的一组信息 $\{Z_a, a = 1, 2, 3, \cdots, n\}$，我们要求出一组权系数 λ_a（$a = 1, 2, 3, \cdots, n$），若使估计方差为最小，则块段 V 的估计值 Z_v^* 就能在很小的可能置信区间内产生，从而给出最佳、线性、无偏估计的权系数的方法就是克里格法。克里格估值法是根据块段内外的若干信息样品的某种特征数据，对该块段的同类特征的未知数据做一种线性无偏、最小方差估计的方法。从数学角度抽象地说，它是一种求最优的、线性、无偏内插估计量的方法。更具体地说，克里格法在考虑样品的形状、大小及其待估块段相互之间空间位置等几何特征，以及变量（矿石品位、煤层厚度）的空间结构信息后，为了达到线性、无偏和最小的估计方差的估计，而

对每个样品值分别赋予一定的权系数，最后用加权平均数来对待估块段的未知量进行估计的方法。

克里格法是一种最佳的局部估计方法，它以最小的估计方差给出块段属性平均值的无偏线性估计量，也就是克里格估计量。所谓局部估计，就是在一个有限的估计邻域内求出某待估块段的最佳估计量，这个估计邻域应该小于该矿床的均匀带。因此，所谓的最佳局部估计就是要找出一个准平稳带内待估块段的平均品位的最佳估计量，克里格方法就是把矿体分成许多个小块段，根据待估块段周围有限邻域内的信息逐块估计。因此，克里格法也是一个加权滑动平均法，而整个矿床的总体估计是通过对逐个块段的局部估计的组合而得到的。

显然，克里格法的步骤是：①列出并求解克里格方程组，以便求出各克里格权系数；②求出这些估计的最小估计方差。

如前所述，任一待估块段 V 的真值 Z_v 的估计值 Z_k 是估计邻域内 n 个信息值 Z_a（$a = 1，2，3，\cdots，n$）的线性组合：

$$Z_k^* = \sum_{a=1}^{n} \lambda_a Z_a \tag{3.8}$$

在二阶平稳条件下，必须使 $\sum_{a=1}^{n} \lambda_a = 1$，也就是无偏条件。

地质统计学主要在结构分析的基础上，采用各种克里格法来估计和解决实际问题。由于研究的目的和条件不同，各种各样的克里格法也相继产生了。当区域化的变量满足二阶平稳假设时，可用普通克里格法；在非平稳条件下采用泛克里格法；为了计算局部可回采储量可用析取克里格法；当区域化变量服从对数正态分布的时候，可用对数正态分布法，对于多个变量的协同区域化现象可以用协同克里格法；对有特异值的数据可以用指示克里格法等。但是，对于地质统计学而言，最基本、最重要、应用最为广泛的是从矿产储量计算而发展起来的普通克里格方法。这种方法考虑了信息样品的形状、大小及其与待估块段之间的空间分布位置等几何特征，以及插值属性的空间结构信息。

其中，普通克里格方差和方程组写成矩阵形式：

$$[K][\lambda] = [M_2] \text{ 或 } [\lambda] = [K]^{-1}[M_2] \tag{3.9}$$

式中，

$$[K] = \begin{bmatrix} \overline{C}(v_1,\ v_1) & \overline{C}(v_1,\ v_2) & \cdots & \overline{C}(v_1,\ v_n) & 1 \\ \overline{C}(v_2,\ v_1) & \overline{C}(v_2,\ v_2) & \cdots & \overline{C}(v_2,\ v_n) & 1 \\ \vdots & \vdots & & \vdots & 1 \\ \overline{C}(v_{n,}\ v_1) & \overline{C}(v_{n,}\ v_2) & \cdots & \overline{C}(v_{n,}\ v_n) & 1 \\ 1 & 1 & \cdots & 1 & 0 \end{bmatrix},$$

$$[\lambda] = \begin{bmatrix} \lambda_1 \\ \lambda_2 \\ \vdots \\ \lambda_n \\ -\mu \end{bmatrix},\ [M_2] = \begin{bmatrix} \overline{C}(v_1,\ V) \\ \overline{C}(v_2,\ V) \\ \vdots \\ \overline{C}(v_n,\ V) \\ 1 \end{bmatrix}$$

$[K]$ 称为普通克里格矩阵，其中，由于有 $\overline{C}(v_\alpha,\ v_\beta) = \overline{C}(v_\beta,\ v_\alpha)$。对任意的 α，β，故 $[K]$ 称为一对称矩阵。类似地，也可以用 $r(h)$ 表示如下：

$$[K'][\lambda'] = [M'_2],$$

$$\sigma_K^2 = [\lambda']^T [M_2^1] - r(V,\ V) \tag{3.10}$$

式中，

$$[K'] = \begin{bmatrix} \overline{r}(v_1,\ v_1) & \overline{r}(v_1,\ v_2) & \cdots & \overline{r}(v_{1,}\ v_n) & 1 \\ \overline{r}(v_2,\ v_1) & \overline{r}(v_2,\ v_2) & \cdots & \overline{r}(v_{2,}\ v_n) & 1 \\ \vdots & \vdots & & \vdots & 1 \\ \overline{r}(v_{n,}\ v_1) & \overline{r}(v_{n,}\ v_2) & \cdots & \overline{r}(v_{n,}\ v_n) & 1 \\ 1 & 1 & \cdots & 1 & 0 \end{bmatrix},$$

$$[\lambda'] = \begin{bmatrix} \lambda_1 \\ \lambda_2 \\ \vdots \\ \lambda_n \\ \mu \end{bmatrix},\ [M'_2] = \begin{bmatrix} \overline{r}(v_{1,}\ v_2) \\ \overline{r}(v_{2,}\ v_2) \\ \vdots \\ \overline{r}(v_{n,}\ v_2) \\ 1 \end{bmatrix}$$

3.2.5　最优性检验

为了使块段品位估计得可靠，当确定了合适的变差函数之后，还需要对理论变差函数的最优性模型进行检验。一方面是为了检验理论变差函数的曲线与试验变差函数的离散点的拟合情况，另一方面是分析其在克里格估值计算中的应用效果。其中比较常用的检验方法有观察法、交叉验证法、估计方差检验法、综合指标法。其中，交叉法是指当用变差函数进行克里格估值时，如果变差函数确定得好，较符合实际，克里格估值和真实值就更加接近。用统计的术语就是估计值与真实值的误差平方和最小，其具体做法是：在每个实测点上，用其周围点上的值对该点进行克里格估值。这样，若有 N 个实测点，就有 N 个实测值 Z 和 N 个克里格估计值 Z_v，再求出其误差平方的均值，以此均值的大小作为衡量变差函数拟合优劣的准则，则此均值越小越好。

交叉验证的方法可以衡量出变差函数的优劣程度，比较容易实现。所以，本书采用交叉验证的方法对表达矿体块段模型结构的理论变差函数进行验证。

3.3　三维矿体块段克里格插值的步骤

三维克里格空间数据插值方法是利用已有的二维空间克里格数据插值长期发展提供的理论实践经验,在原有的二维克里格插值的基础上,对三维非层状矿体块段品位进行三维克里格插值,插值的步骤如图 3.6 所示。

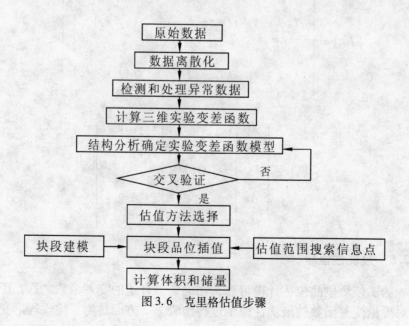

图 3.6　克里格估值步骤

（1）数据的分析和选择

进行插值计算之前首先对钻孔数据见矿点的品位值进行数据统计分析，判断是否有异常数据，然后判断这些异常数据是否应该剔除。采用地质统计学理论和实践上都比较优越的识别方法及处理方法——估计邻域法研究见矿点品位的异常数据，去除部分不适合参加计算的边缘数据，然后对数据进行统计分析，得到直方图，经过 χ^2 检验，如果直方图满足正态分布，则利用普通克里格插值方法来进行插值，如果不满足正态分布，则对原始数据取对数，看是否可以满足正态分布。

（2）实验变差函数计算

目前，普通克里格插值法普遍应用在二维上，将第三维作为属性值进行插值，而对真三维克里格插值方法的研究较少。在 X、Y、Z 三个方向上对矿体进行插值，首先在某一方向上寻找相差为 h，具有一定角度误差范围的属性数据点，进行其实验变差函数计算：

$$\gamma^*(h) = \frac{1}{2N(h)} \sum_{i=1}^{N(h)} \left[Z(x_i) - Z(x_i + h) \right]^2 \qquad (3.11)$$

式中，$N(h)$ 为数据对 $\left[Z(x_i) - Z(x_i + h) \right]$ 的数据对个数，在 Y 方向和 Z 方向采用同样的方法确定实验变差函数。然后，根据 X、Y、Z 三个方向上的实验变差函数方程，绘制变差函数图，并找出相应变程值、块金值等参数值，根据各个方向上的变差函数图来确定区域化的各项异性。

（3）矿体品位结构分析

把待估矿块 V 离散化为若干个点，然后求每一个离散化点与信息样品点之间的变差函数值，计算其算术平均值。根据矿体品位在 X、Y、Z 三个方向上的实验变差函数，对矿体的品位进行结构套合。如果 X、Y、Z 三个方向的变差函数的参数满足几何各向异性，则用几何各向异性套合方法来进行套合；如果满足带状各向异性，则用带状各向异性套合方法来进行套合。

（4）确定变差函数的理论模型

当获取实验变差函数以后，需要选择变异函数理论模型，然后对所选择的变差函数理论模型进行参数拟合。采用球状模型来计算矿体的理论变差函数，拟合球状模型的公式为：

$$r\left(\sqrt{h_x^2 + h_y^2 + h_z^2}\right) = \begin{cases} 0, & h = 0 \\ \dfrac{3h}{2a} - \dfrac{h^3}{2a^3}, & 0 < h \leqslant a \\ 1, & h > a \end{cases} \qquad (3.12)$$

通过对函数式进行变换,把球状模型变差函数的拟合问题转换成多元线性回归问题,也就是用最小二乘法来确定函数中的参数,然后绘图表示变差函数拟合的情况。为了求得理想的变差函数参数,系统经过多次拟合试验,经过交叉验证方法,反复修改参数取得较好的结果。

(5)普通克里格块段法估值

理论变差函数确定以后,采用一定的搜索信息点的方法确定品位待估点的信息样品,根据普通克里格方程组计算出每个信息样品的权值,从而计算出每一待估点的品位值,然后计算每个矿块上离散点品位值的平均值,即得到了每个块段的品位值,最后计算得到了整个矿体的体积、储量及平均品位值。

3.4 建立矿体块段插值模型的关键步骤

非层状矿体块段插值建模的数据主要来源于钻孔数据、勘测数据以及矿山开拓工程数据。这些数据大多是有限的、离散的且分布不规则的,而矿山地质空间数据往往又是连续、复杂多变的。如何充分利用这些有限的、离散的地质信息来客观、全面、合理地模拟矿体模型,是非层状矿体建模的必要环节与研究重点,这就需要对矿体块段的属性进行空间插值,也就是将离散的空间测量数据转换成连续的空间数据。

3.4.1 钻孔样品数据离散化

直接输入的钻孔数据或是通过图件获取的钻孔数据为线数据。为了建模的需要,把钻孔数据分解为不同采样段的折线表示形式,然后把线数据转换成三维的空间点数据。任意一点的位置坐标通过相应测斜点的孔深、倾角和方位角确定。设钻孔见矿点的坐标为 (x_0, y_0, z_0),孔深为 l_0,在见矿样品中点深度上的孔深为 l,方位角为 α,倾角为 β。钻孔在此深度的相对孔深为 l',且 $l' = l - l_0$,$l'' = l'\cos\beta$,则此点的坐标 P

(x, y, z) 为（图 3.7）：

$$x = x_0 + (l - l_0) \times \cos\beta \times \cos\alpha$$
$$y = y_0 + (l - l_0) \times \cos\beta \times \sin\alpha \qquad (3.13)$$
$$z = z_0 + (l - l_0) \times \sin\beta$$

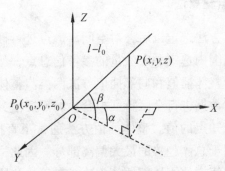

图 3.7　钻孔坐标计算示意图

通过式（3.13）将钻孔的折线数据处理成了空间点数据，再根据组合样品数据提取出空间数据点的属性来定义空间离散点的属性，钻孔数据就被处理成离散的具有一定属性值的空间点数据，图 3.8 为钻孔被

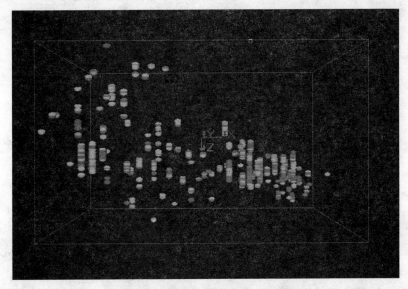

图 3.8　离散化的钻孔上的见矿点

处理成空间离散点的结果。然而，由于数据的离散性和稀疏性，要模拟复杂的、连续的非层状矿体，还应采用一定的插值方法对空间数据点进行插值处理。根据上一节的分析，选用地质统计学中的普通克里格插值方法来对空间离散点进行插值，插值成规则块段模型。

3.4.2 搜索邻域点集算法

空间数据插值方法选定以后，对空间离散点进行插值之前，要给待估数据点在一定范围内选定一定数量的参考信息点，从使用信息数据范围的角度可以分为整体插值和局部插值方法两类。整体插值方法用研究区内所有采样点的数据进行全区特征拟合；局部插值方法是仅仅用邻近的数据点来估计未知点的值。整体插值方法通常不直接用于空间插值，而是用来检测不同于总体趋势的最大偏离部分。因此，一般情况下对矿体采样点进行的插值应使用局部插值方法。对矿体块段的插值则是利用对矿块品位这一区域化变量的结构分析和区域化变差函数的计算，来求得其三维方向上可以选择的有参考信息点的范围，也就是对以待估点为球心，3个方向上的变程为半径的参考椭球范围内的参考点进行搜索。如图3.9所示。局部插值方法只使用邻近点的数据点来估计未知点的值，利用参考椭球范围内的数据点来对球中心点的数据进行估计，主要包括以下几个步骤：

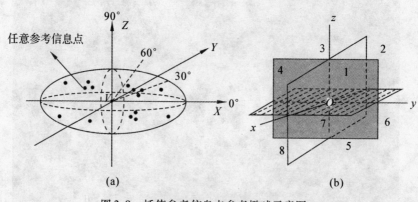

图3.9 插值参考信息点参考椭球示意图

①利用对区域化变量——矿体品位进行结构分析，来求取三个方向

的变程，以此作为参考椭球三个方向上的半径，以参考椭球为数据搜索范围；

②搜索落在此参考椭球内的数据点；

③选择理论变差函数数学模型；

④根据理论变差函数和搜索到的数据点，利用三维普通克里格方法对参考椭球的中心点进行估值；

⑤重复②、③、④步骤直到块段模型内的所有点被估值完毕。

整个插值过程中，首先要解决的问题是对信息数据点进行数据搜索，然后对矿体品位进行插值。由于钻孔样品数据被处理成空间离散点数据，要想在这些数据的基础上得到规则化的数据，需根据已知观测数据推估未知点值。如何在这些已知的观测数据中搜索出所需的数据参与估值或计算是非常重要的。传统的数据搜索方法为平面数据搜索方法。地质数据虽然属于空间数据，但由于钻孔数据有限，而且钻孔都是沿勘探线布置的。为了方便计算，传统的方法将数据搜索工作分为两步，分别沿勘探线方向和垂直于勘探线方向搜索，这样就把对空间数据的处理转化为对平面数据的处理。平面数据搜索方法分为最近点圆搜索法、等分圆扇区搜索法、椭圆扇区搜索法和指定方向扇区搜索法几种。考虑到矿样数据点分布不均匀，采用等分圆扇区搜索法，将检索圆分成4，6或8等份，每个扇区分别从近到远搜索数据，直至搜完为止。这种方法避免了最近点搜索法不考虑数据构形的缺陷，是一种理想的二维平面数据检索方法。但是这种方法仍然是二维平面数据搜索方法，对于真三维矿体内部品位的研究，不免会出现合理数据缺失的情况，最终导致数据插值结果不合理。对矿体品位的估计从真三维的角度出发，在原有二维空间数据搜索方法研究的基础上提出了利用椭球扇块搜索方法来对待估点的空间邻域内的信息点进行搜索。

在三维离散点数据中，某点的 K 个最近邻域的计算是指在数据集 $P = \{p_i(x_i, y_i, z_i), i = 1, 2, 3, \cdots, n\}$ 中找到 K 个与该点欧式距离最近的点，计算某点的 K 个最近邻域的方法是求出其余 $n-1$ 个点的距离，并按从小到大的顺序排列，前面的 K 个点即为待估点的 K 个最近邻域。利用这种方法要对点 V 进行插值，就必须知道 V 的局部信息，或者说它在三维空间上邻域点集的信息，由于离散的空间数据点没有相应地、显式地几何拓扑关系，则如何高效、准确地搜索点 m 邻域点集成为一个关键问题。设数据集共有 n 个点，通常的做法是：任一点 V，计算其余 $n-1$ 个点到 V 的距离值，并从小到大进行排序，则最小的 m 个距离值所对应的 m 个点即构成点 V 的 m 邻域点集。

点的 m 邻域点集在散乱点集的三维表达和重建中是一个重要的概念，我们对块段内的点进行插值时，首先搜索 m 邻域点集，下面给出概念：

定义：给定空间见矿点散乱点集 $P = \{p_i(x_i, y_i, z_i), i=1, 2, 3, \cdots, n\}$，设某个点为 $V = \{v_x, v_y, v_z\}$，则称 P 中距离点 V 最近的 m 个点为点 V 的 m 邻域点集，记为：$MVB\{V\} = \{P_1, P_2, \cdots, P_m\}$，它反映了该点 V 的局部信息。

椭球扇块搜索方法的步骤如下：

①由点 V 确定该参考椭球的位置；

②将搜索椭球在三维空间内分成 8 个象限，每个象限分成 n 个扇块，（如图 3.9（b）所示参考椭球的 8 个象限，每个象限被分成了 3 个扇块，整个三维空间被分成了 24 份），把整个三维空间分成 $8n$ 个扇块；

③以点 V 为中心，根据空间两点间的距离公式 $s = \sqrt{(x_1 - x_2)^2 + (y_1 - y_2)^2 + (z_1 - z_2)^2}$，计算出点 V 在 $8n$ 个扇块内的邻域点集 $MVB\{V\}$，然后利用 MVB 点集内的点对 V 进行插值。

椭球扇块搜索方法算法简单，易于实现，最主要的是在真正的三维空间上实现了对待估点数据的搜索，解决了二维上平面数据点搜索方法的弊端，使得三维非层状矿体内部块段品位的插值变得更加精确。

3.4.3　普通克里格矿体块段插值步骤

①确定块段模型根块的范围。计算空间离散点的最小和最大的 X 值、Y 值和 Z 值，凭借这 6 个坐标数值确定根块的大小和位置，保证矿体表面模型包含在根块之内；

②建立块段模型。以根块的左前下角点为起始点，以 X、Y、Z 3 个方向上一定的长度为棱长，把根块分成若干个用户定义的单元块，根据每个单元块在 X、Y、Z 3 个方向上的位置来对每个单元块进行编号，作为每个单元块进行唯一辨识，存储到数据库中；

③为了使计算结果更加精确，把每个单元块在 X、Y、Z 3 个方向上分别分成 4 份，也就是把单元块分成 64 个亚块段；

④求取 64 个亚块段每个块段的中心点坐标，以该点为待估点，利用椭球扇块搜索方法对其参考信息点进行搜索；

⑤利用普通克里格方法来对待估点属性进行插值；

⑥对每个单元块段的 64 个子块段中心点插值结果求平均，得到单元块的品位。

图 3.10 为对某矿进行普通克里格插值以后得到的矿体内部品位结果，图 3.10（a）为对矿体范围和块段大小的设置，图 3.10（b）为得到的结果图。

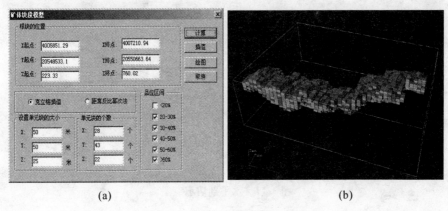

（a）   （b）

图 3.10　矿体块段模型结果图

3.5　矿体内部块段模型的剖切和储量计算

上一节详细介绍了建立三维非层状矿体块段模型的过程，块段模型能够精确表达矿体块段的结构形态，还可以在此基础上切制矿体任意剖面、计算矿体体积和储量。

矿体块段模型的剖切是指用一个指定的无界平面沿着某个剖切方向对矿体模型进行切割，进行矿体模型与平面模型的求交计算，生成一系列的交点，按照顺序连接交点绘制其剖面图。本书主要研究了矿体块段模型被水平切割和垂直剖切的两种情况，其中垂直剖切又包括平行于 X 轴的剖切和平行于 Y 轴的剖切，以及任意角度剖切等。

3.5.1 矿体块段模型的剖切

（1）水平剖面

水平剖面是平行于 XY 平面的，那么平面的方程就是 $CZ+D=0$，如图 3.11 所示。根据块段的左前下角坐标和单元块段的大小，来确定单元块段的右后上角坐标，这样每个块段的最大、最小的 X、Y、Z 坐标就确定了。根据平面方程与这些块段的坐标范围的关系来判断平面方程与哪个块段有交，然后找到这个块段所包含的直线方程，来求其与切平面的交点。

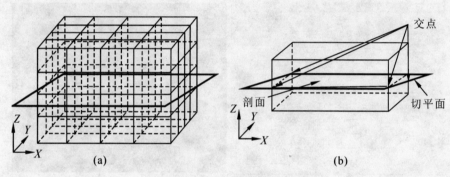

图 3.11 水平剖切示意图

（2）垂直剖面

垂直剖面的求法相对于水平剖面来说复杂一些，主要分为平行于 Y 轴方向的、平行于 Z 轴方向的和任意角度方向的剖面。剖面和哪个块段相交要根据平面方程和块段坐标范围的关系来确定，平行于 Y 轴，Z 轴方向的切面与块段求交和水平面求交方法相似，比较容易。切平面方程确定以后，就可以根据剖切面方程与形成矿体块段模型的线段求出剖切面与 Y 轴和 Z 轴交点，统计所有交点的个数，交点求出以后分别以 Y 和 Z 进行排序，之后进行连接，得到剖面图，根据交点坐标和每个块段的坐标范围来判断剖切到了哪一个块段，记录该块段在 X、Y、Z 3 个方向上的位置，把块段的品位赋值给予该块段相切的平面的相应部分，如图 3.12 所示。

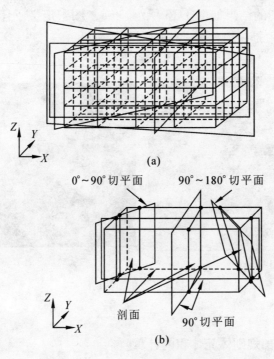

(a)

0°~90°切平面　　　90°~180°切平面

剖面　　　90°切平面

(b)

图3.12　垂直剖切示意图

剖切点的数据结构如下：

```
struct cutpt                    //剖切点
{
int Xnum, Ynum, Znum;           //标识交点所在的块段编号，用在 X、
                                  Y、Z 三个方向上的位置来确定
double BlockGrade;              //切到块段的品位
C3DdPoint pt1;                  //平面与块段的第一个交点坐标
C3DdPoint pt2;                  //平面与块段的第二个交点坐标
C3DdPoint pt3;                  //平面与块段的第三个交点坐标
C3DdPoint pt4;                  //平面与块段的第四个交点坐标
};
```

根据给定的剖切起始点坐标、剖切方位角、剖切间距参数，可以计算出一组剖切面的平面或垂直剖切面方程。然后根据剖切面方程，计算

每个平面与块段模型的交点，将交点放入剖切点数组中。剖面对矿体内部模型进行剖切的结果如图 3.13 所示，（a）图中定义了任意一组剖切平面，（b）图中是一组符合要求的剖面。

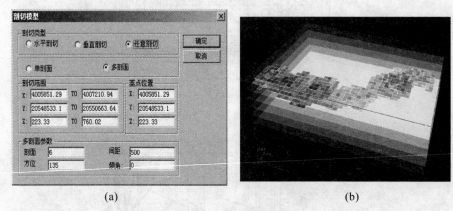

（a）　　　　　　　　　　　　　　　　　　　（b）

图 3.13　任意剖面结果图

3.5.2　矿体内部规则体元体积的计算

矿体储量是矿山建设和生产的物质基础，是矿山发展的一个重要指标。因此，矿产储量计算是矿山勘探开采中的一个重要内容，也是矿山企业和矿山测量部门的重要任务。一般是在矿区勘探、开采工作进行到一定阶段时，矿体储量计算是对矿体研究程度和矿体控制程度的总结，是对矿体进行评价的一种手段，可作为对矿床进一步勘探设计的依据，也是矿山开采设计及编制矿山采掘（剥）计划的重要依据。在工程上则需要以某种方法，确定地下矿体的数量和质量，并且要求结果达到一定精度。

矿体体积的计算方法随着开发设计阶段的不同也不尽相同，可按整个矿床进行，也可以按部分矿体分别进行。传统的矿体体积计算方法由于矿种性质和用途不同而有很多。就目前所知，由于矿床类型、矿体形态、品位变化、勘探方法和样品采集的差异，其体积计算方法也应该不同，常用的有算术平均法、断面法等。固体矿量计算的基本原则就是把一个形态复杂的矿体，划分成与该矿体体积大致相等的一个或几个简单的形体，分别计算出这些简单形体体积与储量，相加后即得整个矿体的储量。

由于其他的传统方法各有其使用条件的限制，不具有通用性，而且误差较大，不适合用于估算非层状矿体体积和储量。本书对矿体体积的计算采用块段法，矿体的体积由内部规则体元的体积和边界不规则体元的体积构成，$V_{矿体} = V_{内} + V_{外}$，其中，边界的不规则体元的计算较为复杂，在下一章进行详细介绍，那么内部规则体元的体积为：$V_{内} = n \times \text{Length} \times \text{Width} \times \text{Height}$，其中 n 为内部规则体元的个数，Length、Width、Height 分别为内部规则体元的长、宽和高。

矿体内部的储量计算利用下式求得：

$$R_{内} = V_{内1} \cdot g_1 + V_{内2} \cdot g_2 + V_{内3} \cdot g_3 + \cdots + V_{内n} \cdot g_n \tag{3.14}$$

其中，$V_{内i}$ 为每个规则块段的体积，g_i 为每个块段的品位。这样算出来的储量相对于其他传统的方法计算出来的矿体储量要精确得多。

3.6 本章小结

①本章利用二维空间数据插值长期发展提供的理论和实践经验，重点研究了三维空间数据的克里格插值方法，深入探讨了三维普通克里格插值方法，三维变异函数的计算、拟合，三维克里格估值以及对估值结果进行交叉验证等问题，通过对各种插值方法的比较得知，采用三维克里格插值方法对非层状矿体块段模型进行插值效果良好。

②为了从待估点周围一定范围内搜索信息点，本书从真三维的角度出发，给出了空间点邻域的定义，提出了椭球扇块搜索方法在 X、Y、Z 三个方向上分不同的块区，以不同的角度空间通过对离散点进行比较，确定出对待估点有贡献的点。

③通过对地质统计学方法的分析，设计了非层状矿体模型的三维普通克里格插值方法的步骤。

④建立矿体模型以后，为方便地矿工作者理解矿体模型内部的各个细节，研究了表现矿体内部模型的水平、垂直剖面的实现方法，可有效进行矿体模型的剖切。

⑤研究了应用三维普通克里格插值方法来分析和计算非层状矿体内部的品位分布，进而根据矿体三维模型应用立体几何计算公式进行矿体体积和储量的较精确计算。

第4章 表面-体元一体化非层状 矿体建模关键技术

矢栅一体化数据建模思想中，矢量模型起着重要的作用，结合表达对象内部的要求，模型对实体对象内部采用三维栅格数据模型，将实体对象划分为一系列连通但不重叠的规则几何体元，以表达物体的内部特征，再将体对象内部的边界转化为不规则几何元素，与矢量表面相容，既表达了物体的内部特征，又表达了物体的形状特征，表面采用三维矢量数据模型，精确地表达了物体的形状特征。

空间上任意三点不在一条直线上，则三点唯一地定义了一个平面，而任意的三个以上不在同一条直线上的空间点不能保证在同一个平面内，但通过多个三角面集合则可以模拟实体的表面。经过多年的研究与实践，国际上认为使用这种方法表示复杂曲面最简单，能绘制出逼真的三维模型，也有利于利用计算机进行处理。因此，采用三角面集合表示复杂曲面的方法成为国际上构造复杂三维实体通用的方法，这种方法被称为实体建模。

实体模型是指在构造三维实体过程中，采用一系列三角面描述实体的轮廓或表面而构成的看似许多线框围成的完整实体的面或壳，其实质是由一系列三角面（即三角面集合）构成的实体表面或轮廓，即实体模型是用一系列不重叠的三角形来连接多边形线串中所含的点来定义一个实体或空心体。这些三角形在平面上看可能是重叠的，但实际上在三维空间里是不重叠或不相交的，实体模型的三角网可以很彻底地闭合为一个空间结构。

4.1 实体模型建立矿体表面模型的优点

在计算机图形学中，实体被定义为：

①具有一定形状（非流体）；

②具有确定的封闭边界；

③一个内部连通的三维点集；

④占据一定的空间，即体积有限；

⑤经过运算（切割、黏合）后仍然是有效物体。

在建立矿体表面模型的过程中，实体模型可以通过描述矿体的边界来表示矿体模型。矿体的边界与矿体是一一对应的，定义了矿体的边界，该矿体也就唯一确定了。矿体的边界可以是平面多边形或曲面片。通常情况下，曲面片最终都是被近似地离散成多边形。

利用实体模型建立非层状矿体表面模型具有如下优点：

①能够精确描述点、弧段、面和体元，属于矢量数据模型；

②三角网可以是块体模型的约束面；

③对地质体外部几何形状具有精确的表达能力；

④重建速度快，占用内存少；

⑤十分适合地质勘探线剖面变化较小或者大致相似的建模情况。

对于非层状矿体表面建模，实体模型是较好的描述方法。国外几乎所有的三维矿业软件系统都是从勘探线剖面图上获得平行轮廓线，然后连接平行线轮廓线来建立矿体的三维实体模型，如图 4.1 所示。

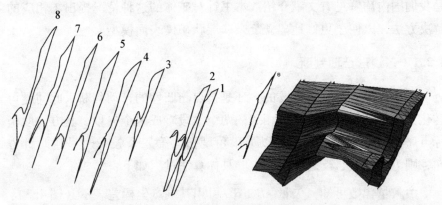

图 4.1　根据一组空间轮廓线生成三维面数据（来源于 Surpac 文档）

4.2　基于剖面线建立矿体表面模型

从 20 世纪 70 年代，基于平行轮廓线的三维实体建模已经有了研究成果出现，首先人们把注意力集中在由相邻的两层轮廓线重构三维实体模型的问题上，解决了一系列轮廓线重构三维形体的问题。对矿体进行三维建模，就是把勘探线剖面图上的见矿点连接起来形成轮廓线，然后生成由三角形或四边形网格组成的三维矿体表面。

有不少学者利用平行轮廓线建立非层状矿体模型。其中，国外的软件 Surpac 软件和 Datamine 软件以及 Micromine 建立矿体的表面模型都是利用平行轮廓线模型。国内张剑秋，张福岩等人提出用地震解释结果数据构建地震剖面，用最邻近优先法重构地质界面。陈建宏提出了基于钻孔数据的勘探线剖面图自动生成方法和可视化集成采矿 CAD 系统。南格利提出了矿体线框模型及其建立方法，在某铜矿进行了实现。侯运炳、冯述虎、李子强等人在 AutoCAD 的基础上开发出矿体实体模型系统，建立矿体边界离散环形库，构造了实体结构文件，并研究了分支处理方法。但是，国内的这些成果多数是基于 AutoCAD 或采矿专业软件（如 Datamine）的二次开发。

对于矿体形态比较复杂的情况，勘探线剖面图上的轮廓线并不一定都是平行的，甚至有相交的情况，对这样的情况，无论是国外的软件还是我们国内均鲜见有文献介绍。本书针对矿体的这种情况提出了相应的解决方法，以便于更好地建立复杂非层状矿体表面模型。

4.2.1　多边形凸凹判断

实体建模方法非常重要的一环是折点凸凹性的自动判断。此问题可转化为两个矢量的叉积：把相邻的两个线段看成两个矢量，其方向取坐标点序方向。若前一个矢量以最小角度扫向第二个矢量时呈逆时针方向，则为凸顶点，反之为凹顶点。具体算法过程如下：

由矢量代数可知，矢量 $\overrightarrow{AB}$，$\overrightarrow{BC}$ 可用其端点坐标差表示（图 4.2）：

$$\overrightarrow{AB} = (X_B - X_A,\ Y_B - Y_A) = (a_x,\ a_y)$$

$$\overrightarrow{BC} = (X_C - X_B,\ Y_C - Y_B) = (b_x,\ b_y)$$

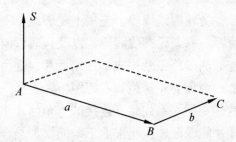

图 4.2 采用向量叉乘法判断向量正负

$$\vec{S} = (\overrightarrow{AB} \cdot \overrightarrow{BC}) = \vec{a} \cdot \vec{b} = (a_x b_y - b_x a_y)$$
$$= (X_B - X_A)(Y_B - Y_A) - (X_C - X_B)(Y_C - Y_B)$$

矢量代数叉积遵循右手法则，即当 ABC 呈逆时针方向时，S 为正，否则为负。

若 $S > 0$，则 ABC 呈逆时针，顶点为凸；

若 $S < 0$，则 ABC 呈顺时针，顶点为凹；

若 $S = 0$，则 ABC 三点共线。

4.2.2 平行轮廓线连接的基本原理

假设两条相邻的平行平面上各有一条轮廓线，上轮廓线上的点列为 P_0，P_1，P_2，P_3，$\cdots$，P_{n-1}，下轮廓线上的点列为 Q_0，Q_1，Q_2，Q_3，$\cdots$，Q_{n-1}，如图 4.3（a）所示，点列按照逆时针方向排列。如果将上

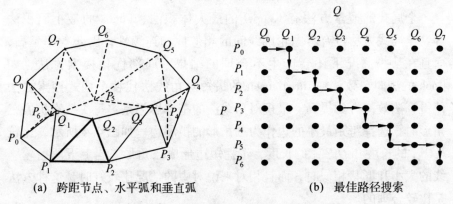

(a) 跨距节点、水平弧和垂直弧   (b) 最佳路径搜索

图 4.3 平行轮廓线连接及其在有向图中的路径

述点列分别依次用直线连接起来，则得到两条轮廓线的多边形近似表示，每一条直线段称为轮廓线线段。连接上轮廓线上一点和下轮廓线上一点的线段称为跨距。一条轮廓线线段，以及该线段两个端点与相邻轮廓线上的一点相连的两段跨距就构成了三角面片，称为基本三角面，组成三角面片的两个跨距称为左跨距和右跨距。实现两条凸轮廓线之间的三角面模型重构就是要用一系列相互连接的三角面片将上下两条轮廓线连接起来，怎么样才能保证连接起来的三维面模型是合理的而且性能良好是需要认真考虑的问题。

H. Fuchs 在 1977 年指出，连接上、下两条轮廓线上各点所形成的众多的三角面片，应该构成相互连接的三维表面，而且相互之间不能在三角面片内部相交。因此，合理的三角面片集合需要具备以下条件：

①每一条轮廓线必须在而且只能在一个基本三角面片中出现，因此，如果上、下两条轮廓线分别各有 m 个和 n 个轮廓线线段，那么，合理的三维表面模型将包含 $m + n$ 个基本三角面片；

②如果一个跨距在某一个基本三角面片中称为左跨距，则该跨距是而且仅是另一个基本三角面片的右跨距。

三角曲面重构可以归结为一个搜索问题。在图 4.3（b）中，水平弧和垂直弧可以赋予不同的值，基于轮廓线的三角曲面重构问题归结为以某个目标函数极小或极大为目标，搜索一条从 00 到 $(m-1)(n-1)$ 的路径。理论上，经过一组轮廓线的曲面并不唯一。因此，最优有向图的搜索是以某个目标函数最大、最小值为目标的，可分为全局式和局部式两种。

全局式的搜索方法有 Keppel 的最大体积法、Fuchs 的最小面积法等。全局式方法没有考虑轮廓线间的相似性和连续性，因此效率不高，而且在某些情况下还会产生不合理的结果。局部优化搜索方法，如 Cook 的法向一致法，Christiansen 的最短对角线法代替全局式搜索方法使得算法效率大为提高。最短对角线法的基本思想是：每次搜索扩展三角形时，选择跨距最小的边作为三角形的扩展边。如图 4.4 所示，比较 P_iQ_{j+1} 的长度和 Q_jP_{i+1} 的长度，选择短边形成三角形。当上下两条轮廓线的大小和形状相似时，而且相对来说对中的情况比较好时，这种方法是比较合理的。

最短对角线算法对轮廓线数据有如下 3 个要求：

①两轮廓线必须走向一致，一般规定逆时针为轮廓线走向。如图4.4所示，以保证能正确寻找到后续 P_{i+1} 和 Q_{i+1} 点；

②轮廓线节点间距应尽量保持均匀，从而保证轮廓线重构质量；

③轮廓线上没有重复节点。

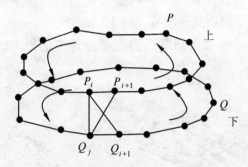

图 4.4　最短对角线连接正确的情况

这种方法的缺点是在相邻两轮廓中心相差很大的情况下，造成不合理的对应关系。针对这种情况，最短对角线法采取的措施如图 4.5 所示：在构造三角面片之前，将两条该轮廓线变换至以同一原点为中心的单位正方形内部，从而较好地保证了大小和形状相似，对中情况较好。同时，变换之后连接好三角面片，然后再进行反变换，将各个轮廓线变换到原来的位置。但是这种做法的弊端是：要经过两次坐标变换，计算起来比较麻烦。本书针对这种情况，提出了一种新的连接方法：过中心点自动作辅助线法，简化了这种上下两条轮廓线中心点不对应情况的处理方式。

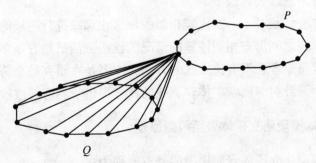

图 4.5　最短对角线法不合理连接失败的情况

4.2.3　过中心点自动作辅助线法

在上下两条轮廓线中心相差比较远的情况，过中心点作辅助线法就是先求取上下两条轮廓线的中心点，然后，过中心作辅助线，这样就把两条轮廓线分别分成了两部分，然后再把它们按照逆时针方向进行连接，这样就避免了轮廓线两次移动带来的麻烦。

过中心点自动连接作辅助线法主要分两步进行，如图 4.6 中（a）和（b）所示：

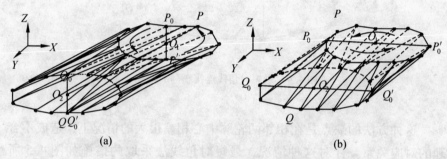

图 4.6　过中心点作辅助线法连接轮廓线

①根据轮廓线上特征点的坐标，找到两条轮廓线的中心点 O_1 和 O_2，并进行连接；

②根据两条轮廓线最小的 X 或 Y 和最大的 X 或 Y 来确定两条中心点的连线 P_0O_0 和 $P_0'O_0'$，并将这两条中心点的连线作为两条控制线；

③按照逆时针方向以 P_0O_0 和 $P_0'O_0'$ 为起始边按照最短对角线法连接三角网，得到三维表面模型。

上述方法都是对于形态比较相似的相邻轮廓线进行连接的方法，对于相邻轮廓线之间形态相似性差的情况的连接方法虽然有很多文献已经介绍了，但是至今还没有比较好的方法，本书是在研究最小跨度长度算法的基础上，针对非层状矿体轮廓线的特点提出了相应的改进方法。

4.2.4　实体模型建立矿体表面模型原理

实体模型建立矿体表面模型的基本原理为：

①制作勘探线剖面轮廓线。地质数据的获取都是通过钻探得到的，

逐个绘制勘探线剖面图，各剖面间相互平行，因此每一剖面与实体（Solid）的交线都是实体在该剖面上的轮廓线，即是二维平面上一条封闭的无自交线。

②从一系列剖面上的轮廓线，将剖面连接起来，建立轮廓三角网。这是实体建模的重点算法。该模型的缺点在于：轮廓线的对应问题、分支问题的算法比较复杂。该算法要求考虑下面4个问题：

对应性（Correspondence）：如果切片上的轮廓线不止一条，相邻切片中哪些轮廓线应该相连接。事实上，哪怕每张切片上只有一条轮廓线，相邻两切片中的轮廓线也未必能连接成同一物体。对应问题的可能解随着轮廓线数目呈指数增长。幸运的是，通常每张切片的轮廓线数目都较少。对应关系决定了最终生成的曲面的"骨架"，即拓扑结构。

镶嵌（Tiling）：建立两条对应轮廓线上点的对应关系，从而构造出一系列三角面片填满两轮廓线之间的空隙，所有三角面片组成了重建轮廓表面，如图4.7所示。在填充时，要考虑最优化的镶嵌方法，还要实现镶嵌多边形间的拓扑关系。

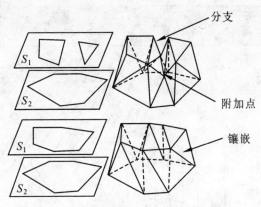

图4.7　实体模型分支与镶嵌示意图

分支（Branching）：当剖面上的一条轮廓线与相邻剖面的多条轮廓线对应时，表面必有分支，分支问题即如何生成这些轮廓线之间的多个分支表面。如图4.7所示。当存在分支时，三角网的镶嵌问题更为复杂，需要在分支处引入附加点。

曲面拟合问题（Surface-fitting Problem）：以光滑曲面拟合镶嵌所产

生的三角面片网格。有时也直接由轮廓线构造光滑曲面，不经过拟合过程。

　　一般来说，对于复杂矿体的实体建模，计算机提供交互操作，人工指定连接剖面、连接方法和分支辅助面，以免出错。

4.3　利用改进的实体模型建立矿体表面模型

　　传统实体模型建模方法是采用平行轮廓线对比较简单的矿体形状进行建模，但对于实际非层状矿体的形态比较复杂的情况，由于开采勘探线不平行（图 4.8），导致提取出的轮廓线是不平行的（图 4.9）。因此，利用最短对角线法常出现不合理的三角网联网的结果。针对这种情况，Ekoule 针对医学切片的复杂轮廓线情况指出有两种解决办法：①加密轮廓线数据，使得轮廓线间的距离小一些；②用户交互指定如何连接。那么，很显然对于第一种方法，对勘探线进行加密，从经济的角度来讲是不现实的。由于矿体形态轮廓线与医学切片相比，数据要少得

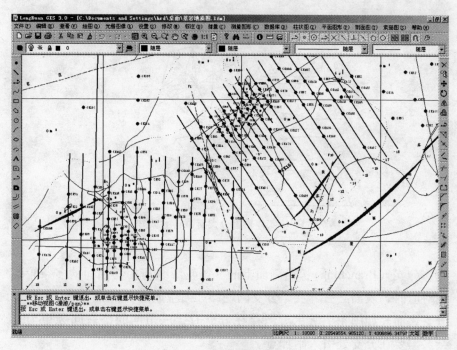

图 4.8　某矿山基岩地质图

多，那么用户交互操作相对来说比较容易，北京大学李梅提出了通过人工交互添加控制线的方式来利用平行轮廓线进行三维矿体重建，作者认为利用人工交互添加控制线进行平行轮廓线建模可以推广到不平行轮廓线，三角形的连接方式与利用平行轮廓线建模的方式是一样的。图4.10 表示了人工指定 5 条控制线的复杂矿体剖面轮廓线。

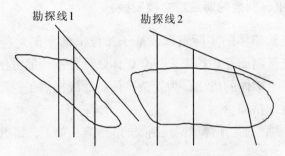

图 4.9　不平行勘探线上的轮廓线连接示意图

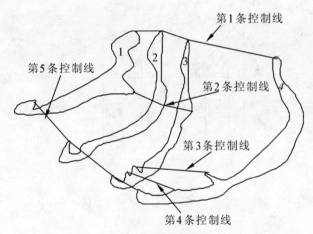

图 4.10　不平行轮廓线添加控制线的方法示意图

人工指定控制线的最短对角线法建立矿体表面模型的算法分两步进行：

①控制线的添加，逐个找出每条轮廓线上关键控制点，并将这些点连接；

②控制线连接好后，使得三角形连接在规定的控制线间进行。

　　人工指定控制线的最短对角线法改善了利用传统方法建立矿体表面模型结果扭曲的情况，但是，这样人工指定控制线显然完全是由操作者主观决定的。因此，本书采用交叉平、剖面轮廓线约束的方法来自动计算复杂矿体的控制线上的控制点，这样就避免了用户操作过程中的主观因素的影响。

4.3.1　交叉平、剖面轮廓线建立控制线

　　根据非层状矿体的实际情况，基于二维上的平剖对应原理提出了平、剖对应交叉剖面互相约束来建立矿体联网控制线的方法，客观地兼顾平、剖面图上矿体的描述，为复杂矿体剖面线提供了控制线，使模拟的矿体模型更加精确。

　　交叉平、剖面确定矿体联网控制线的主要算法如下，如图 4.11 所示：

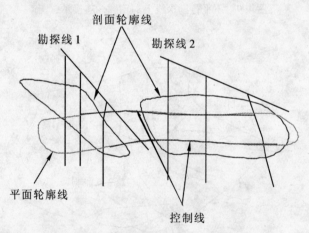

图 4.11　交叉平、剖面自动约束矿体示意图

　　①从平、剖对应图上得到不同勘探线上的剖面和不同水平的平面，水平剖面按照不同高程求取，垂直剖面为地质勘探线剖面图；

　　②从不同水平的平面图和不同勘探线剖面图上分别根据见矿点提取轮廓线；

　　③根据线与平面求交的方法计算出不同的剖面轮廓线和平面的交点或者是平面轮廓线和剖面的交点；

　　④连接交点确定控制线；

⑤以剖面图上的轮廓线进行三角网连接，以不同水平的轮廓线作为控制线约束；以不同水平的平面进行联网，则以不同的剖面轮廓线作为约束。

4.3.2 带辅助线分支处理算法

在利用轮廓线建立矿体三角网模型中，分支处理也是轮廓线重建三角网的一个重要方面。当一条矿体轮廓线对应相邻层上的多条轮廓线时，轮廓线必然产生分支。很多文献对分支问题进行了探讨。Christiansen 提出了添加辅助点方法。Ekoule 提出了增加中间层的方法。Barequet 和 Shapior 提出了动态规划算法（BPLI），设法使轮廓线直接连接成不自相交的三维表面，绕开分支问题。在综合考虑非层状矿体数据特点的基础上，北京大学李梅提出了添加辅助线的方法。对矿体分支问题，本书采用添加辅助线方法，如图 4.12 所示，辅助线位置应该考虑矿体实际分支点位置：

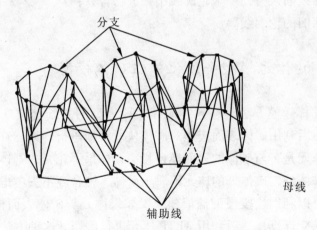

图 4.12　利用添加辅助线处理分支问题

①确定辅助线的属性、有节点数、内插方式和最大分支点位置；
②用户交互操作，指定辅助点，生成辅助线；
③用辅助线将母线劈开，形成了多个轮廓线，分为不同的分支，然后删除母线；
④对于轮廓线不平行的情况采用交叉平、剖面添加控制线的方法；

⑤利用最短对角线法连接三角网模型。

带辅助线的分支处理方法主要分为两步：①把母轮廓线分开；②把分支合并。

轮廓线拆分算法：

①交互指定辅助线；

②给定辅助线的节点间距和内插方式。计算辅助线节点坐标。一般用线性内插或者二次多项式内插；

③将辅助线和左侧、右侧的轮廓线上的点分别赋予新的轮廓线；

④删除母线。

轮廓线合并算法：

①交互指定两条要合并的轮廓线；

②遍历轮廓线上节点，找到劈分时添加的辅助线上的点，如果没有找到，则轮廓线不能合并；

③将轮廓线进行合并，首先删除新增加的辅助线点，然后把轮廓要合并的轮廓线插入另外一个轮廓线中，进行合并；

④删除旧的轮廓线。

4.4　表面-体元模型一体化建立矿体模型

SVA 矿体建模方法是在建立矿体块段模型的基础上建立矿体的表面模型，然后利用矿体表面模型对矿体块段模型进行约束。首先判断块段模型中体元是否与矿体的表面模型相交，如果不相交，则体元被分为矿体内和矿体外，矿体外的体元不属于矿体，则舍弃不去考虑它，矿体内的体元可以利用块段模型插值建模。如果体元与矿体表面模型相交，则要进行求交计算，然后利用 ARTP 体元进行剖切。这种方法得到的矿体模型的边界是矢量的，是精确的，不存在为了达到所需的精度而通过对矿体边界不断细分带来的数据膨胀问题。那么，在整个模型的建立过程中，边界模型和体元模型的求交算法的研究是非常重要的。

4.4.1　相交检测规则

一般情况下，求交运算（面与面相交，线与面相交，线与线相交）的计算量很大，首先要寻找参加运算的两个物体之间是否可能求交，即进行相交检测，然后进行求交计算和判断交点的特性，最后根据求出的交点，进行拓扑分析和重建数据结构。

相交检测过程遵循以下原则，就会更快速、稳定和精确。

①尽可能利用简单的比较和计算来排除或确定各种相交类型，从而避免进一步的计算；

②尽可能充分利用上述的检测结果；

③如果使用了多种排除或确认检测，试着改变它们之间的内部顺序，这有可能产生一个更有效的测试结果；

④尽量搁置开销大的计算，如三角函数、平方根、除法等；

⑤降低维数（如三维降为二维、二维降为一维）；

⑥尽量找出在相交检测之前可预先完成的计算；

⑦当相交检测比较复杂时，尽量先利用物体的包围盒进行初步排除。

根据以上相交检测的原则得到相交检测的优化方法是：

①排除检测：通过在早期进行一些简单的计算来判断线段和物体是否与其他的物体分开，如利用包围盒的方法；

②投影：将三维问题投影到最优的一个正交平面上（ xy，xz 或 yz ），然后在二维上进行处理。

本书在三角形面片和块段模型进行相交检测过程中充分考虑了上述两种优化方法。

4.4.2 三角形和体元的关系

进行相交检测前，首先分析被检测对象之间的关系。由于矿体表面模型是 n 个三角面片组成的，因此，矿体表面模型和矿体块段模型的关系就转化为三角面片和块段体元的关系，那么这种关系无非就是相切、相交、相离和包含的关系，如图 4.13 所示。显然，相离的情况对我们

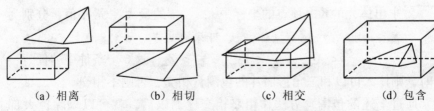

| (a) 相离 | (b) 相切 | (c) 相交 | (d) 包含 |

图 4.13 三角形面片和矿体块段的关系

这个模型没有意义。矿体块段模型的体元是规则的，我们通过插值得到了它的空间信息和属性信息，在第 3 章已经解决了这个问题，那么，现在的问题就转化成组成矿体表面的三角面片和边界块段体元的相交检测问题。

4.4.3　粗略相交检测

求交算法是非常复杂的，为了减少计算量，在进行真正的求交之前先进行粗略的相交检测。基于包围盒的碰撞检测算法是一类重要的粗略碰撞检测算法，它不仅可以检测凸多面体，还可以检测凹多面体，对凹多面体不需要做特殊的处理，处理凹多面体和处理凸多面体方法一样，即包围盒法检测的对象不用区分被检测物体是凸的还是凹的。

包围盒法的基本思想是使用简单的几何体来代替复杂的千奇百怪的几何体，然后只对这些简单的几何体的包围盒进行粗略检测，当包围盒相交时，其包围的几何体才有可能相交。当包围盒不相交时，其包围的几何体一定不相交；这样可以排除大量不可能相交的几何体和几何部位，从而快速地找到相交的几何体和几何部位。有这样几类包围盒：沿坐标轴的包围盒 AABB（Axis-Aligned Bounding Boxes），包围球（Sphere），沿任意方向包围盒 OBB（Oriented Bounding Box），固定方向包围盒 FDH（Fixed Directions Hulls）和一种具有更广泛意义 k-dop 包围盒。其中 AABB 方法是最简单的，因为只是先粗略地检测，所以本书利用该方法。体元本来就是一个规则体，那么它的包围盒就是它本身，所以求包围盒只需要求每个三角面片的包围盒。计算分两步进行：

①利用三角形的 3 个顶点坐标来求取每个三角形面片的最小包围盒：通过比较得到每个三角形面片的 X、Y 和 Z 的最小和最大值，分别为 X_{max}、Y_{max}、Z_{max}、X_{min}、Y_{min}、Z_{min}，利用这些坐标得到最小包围盒；

②求出体元的 8 个顶点的坐标中 x、y、z 的最大、最小值，分别为 x_{max}、y_{max}、z_{max}、x_{min}、y_{min}、z_{min}，如果满足 $X_{min} < x_{max}$，$Y_{min} < y_{max}$，$Z_{min} < z_{max}$，$x_{min} < X_{max}$，$y_{min} < Y_{max}$，$z_{min} < Z_{max}$ 这 6 个条件中的任意一个时，则体元可以和三角形面片的包围盒相交，否则不相交。

通过上述的包围盒方法作粗略相交检测以后，就可以剔除掉大部分与矿体边界没有关系的块段，但是这只是一个粗略的检测，仍然会有一部分与矿体没有关系的块段不能被剔除掉，由图 4.14 可以看出，块段和三角形面片的包围盒相交了，但是没有和三角面片相交，所以利用包围盒检测方法不能完全确定与矿体边界相交的体元。利用面和面求交点的方法可以对块段与矿体表面模型的关系进行精确相交检测。

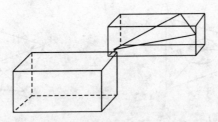

图 4.14　三角面片与块段不相交的示意图

4.4.4　精确相交检测

　　块段和三角面片求交的问题被转化为六面体的面和三角形面片求交问题，最终要转化成线和面求交。因此，首先要把块段体元上的 6 个面离散成 12 条线段，计算每条线段与三角形面片的交点，然后判断交点是否在三角形内部或者边上。判断规则为：将交点和三角形顶点投影到一个轴对齐平面上，利用三角形的法向量来判断是投影到哪个平面上（xy，xz 或 yz），能使得投影三角形面积最大化，从而将三维降为二维，利用法向量来判断要投影的平面：

　　①计算三角形法向量在 X、Y、Z 3 个方向上的分量的大小；

　　②判断 3 个方向上法向量分量的大小关系；如果 X 方向的分量最大，则舍弃 X，投影到 YZ 平面上；如果 Y 方向的分量最大，则舍弃 Y，投影到 XZ 平面上；如果 Z 方向的分量最大，则舍弃 Z，投影到 XY 平面上；

　　③通过一定的判断方法来判断点是否在三角形内部，常用的方法有叉积判断法、夹角之和检验法以及交点计数法，由于点在三角形内部的判断是比较简单的判断，所以用叉积法足以来判断二维点是否在二维三角形内部。

　　用叉积法来判断二维点是否在二维三角形内部的方法是：假设要判

断的点为 P_0，三角形顶点的投影坐标为（P_1，P_2，P_3），令 $V_i = P_i - P_0$，$i = 1$，2，3，P_0 在三角形内的充要条件是叉积 $V_i \times V_{i+1}$ 的方向相同，如图 4.15（a）中点 P_0 在三角形内，则其叉积结果相同，图 4.15（b）中 P_0 在三角形外，叉积结果相反。

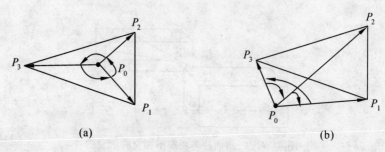

$$(a) \qquad\qquad\qquad\qquad (b)$$

图 4.15　点在三角形内的叉积判断法

经过精确相交检测后，可以判断与矿体表面模型相交的块段，但是剩下的块段在表面内部还是外部仍然需要进一步的判断，块段和三角面片求交的问题被转化为块段顶点和三角形面片内外关系问题。相交块段的检测分为如下几个步骤：

① 根据三角形的平面方程和法向量，逐一判断块段顶点在三角形的内部（-）还是外部（+）；

② 如果块段顶点全都在内（-），则块段属于内部块段，标识属性；

③ 如果块段顶点全都在外（+），则块段属于外部块段，标识属性；

④ 如果块段顶点一部分在内（-），一部分在外（+），则块段属于边界块段，标识属性。

采用第④步对上述粗略检测结果进一步检查，可以将粗略检测中漏掉的边界块段检测出来。

图 4.16 为矿体表面模型和块段模型相交检测求交点以后的结果，图中红色点为所求的交点，黄色线框为与表面模型相交的块段，绿色的为矿体表面模型。

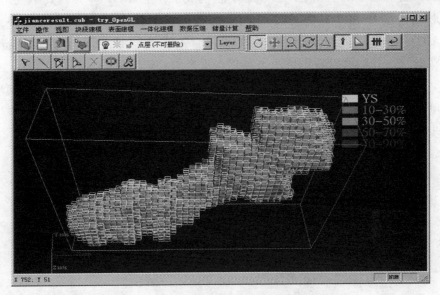

图 4.16　矿体表面模型和矿体块段模型相交的结果

4.4.5　ARTP 体元剖分矿体边界不规则块段体元

利用上述方法求出三角形面片和块段的交点以后，根据交点连接形成交面来对与矿体表面相交的块段体元进行剖切。本书提出采用 ARTP 体元的方法对其进行剖分。ARTP 是一种体元，几何形态上是 3 条棱线垂直于水平面，顶底三角形面不一定平行的似直三棱柱，如图 4.17 所

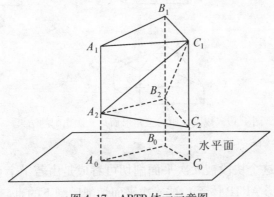

图 4.17　ARTP 体元示意图

示，图中 A_1、B_1、C_1、A_2、B_2、C_2 就构成了一个 ARTP 体元，其中三角形 $A_1B_1C_1$ 和 $A_2B_2C_2$ 在水平方向上的投影均为三角形 $A_0B_0C_0$。另外，ARTP 体元还可能出现 A_1、B_1、C_1、B_2、A_2 和 C_1，A_2，C_2，B_2 这样的特殊形状，分别可以看作是两点和三点重合的特殊情况。

显然，引入 ARTP 体元，我们可以将矿体模型的边界块段体元模型剖分成两个或者两个以上的邻接但不交叉的 ARTP 体元的集合，其主要步骤如下：

①一个规则块段体元可以分解成两个直三棱柱，如图 4.18 所示。

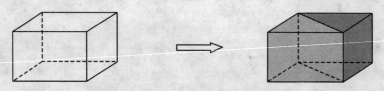

图 4.18　规则块段转化成直三棱柱

②可以假定块段与 n 个三角形面片的相交裁剪后余下的部分就是块段和三角形所在的平面的 n 次削切后余下的结果（前提条件是这 n 个三角形彼此连接构成一个封闭的无折叠的凸面，如果是凹面则反过来看就是凸面了），如图 4.19 所示。

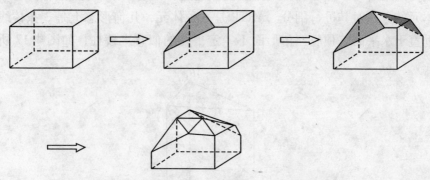

图 4.19　规则块段被三角形面片 n 次切削的结果

③显然，这个块段被 n 次平面削切可看成是由若干个直三棱柱（或直三棱柱的变形 ARTP 体元）被 n 次平面切削后剩下的直三棱柱即 ARTP

体元拼合构成的。

④一般地，直三棱柱有如下变形（阴影区域是被删除的，实线和虚线构成的空白区域为一个或多个直三棱柱或其变形），一共被分成如图4.20的11种情况。

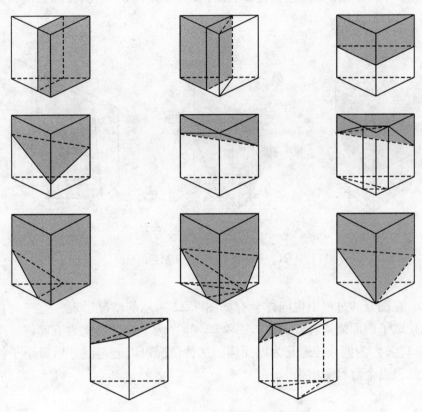

图4.20　直三棱柱被切割后剖分的情况

从图中可以看出把规则体元分成直三棱柱后被三角形面片切割的情况。按照切割的位置分类，主要分为4种情况：a. 上下底面都被切割到；b. 三个侧棱都被切割到；c. 侧棱和底面被切割到；d. 侧棱和顶面被切割到。

对交点所处的位置进行分类可以分成5种情况：a. 在顶面上的交点；b. 在侧棱上的交点；c. 同时在侧棱和顶面上的交点；d. 同时在侧棱和底面上的交点；e. 在底面上的交点。

111

解决的方法是：属于 a 种情况的交点要往底面上作垂线，可以把不规则体剖分成几个不同的 ARTP 模型；acde 的情况则不需要作垂线，就可以把不规则体元剖分成 ARTP 体元的组合。

⑤直三棱柱的变形被 n 次平面切削的情形有：a. 切削的平面经过直棱；b. 切削平面经过直棱和底棱；c. 切削平面经过斜棱和底棱，如图 4.21 所示。

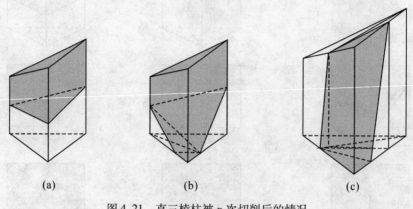

(a)　　　　　　　　　　(b)　　　　　　　　　　(c)

图 4.21　直三棱柱被 n 次切削后的情况

在剖分的过程中也同样会有如图 4.22 所示的情况出现，直三棱柱退化成了四面体或者五面体，图 4.22（a）为一条棱退化为五面体，图 4.22（b）为两条棱退化为四面体，这种情况可以通过剖分后每个子体元的顶点个数检测出来。

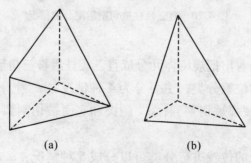

(a)　　　　　　　　　　(b)

图 4.22　直三棱柱的退化

4.5 不规则体元体积的计算

矿体体积计算是矿体储量计算的前提，本书把整个矿体分为内部规则体元和边界不规则体元。其中，内部规则体元的体积比较容易计算，在第3章有论述，而边界不规则体元则相对来说麻烦得多。由于不规则体元是利用三角形面片与规则体元进行相交剖切后得到的，因此本书通过立体几何学方法，利用 ARTP 对边界的体元进行剖分的方法来计算边界不规则体元的体积，如果检测到有退化的体元出现，图 4.22（a）的情况可以用 ARTP 体元体积的求法，图 4.22（b）的情况既可以用 AR-TP 的求法，也可以用四面体的求法。

（1）ARTP 体元体积计算

如图 4.23 所示，$BCE\text{-}ABC$，$FEG\text{-}ABC$，$A'\text{-}B'C'FG$，$F\text{-}A'B'C'$为 4 种 ARTP 的情况。假设底面的面积为 S，3 条棱长分别为 h_1，h_2，h_3，则体元的体积为：

$$V_{ARTP} = (1/3) \cdot S \cdot (h_1 + h_2 + h_3)$$

其中，$A'\text{-}B'C'FG$ 为一条棱退化的情况，h_3 为 0；$F\text{-}A'B'C'$为两条棱退化，h_2，h_3 为 0。

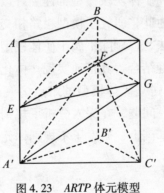

图 4.23 *ARTP 体元模型*

（2）四面体体积计算

图 4.22（b）为退化成四面体，因此也可以采用下面的方法来求体积：

$$V_{\text{四面体}} = (1/6) \times \begin{vmatrix} 1 & 1 & 1 & 1 \\ x_1 & x_2 & x_3 & x_4 \\ y_1 & y_2 & y_3 & y_4 \\ z_1 & z_2 & z_3 & z_4 \end{vmatrix}$$

其中，(x_1, y_1, z_1)、(x_2, y_2, z_2)、(x_3, y_3, z_3)、(x_4, y_3, z_4) 分别为 4 个点的坐标。

4.6　本章小结

在三维矿体建模的过程中，矿体表面的生成是关键，也是难点。

①首先阐述了实体模型建立矿体模型的优点，研究了从平行勘探线上提取轮廓线，利用实体建模技术来建立矿体表面模型的方法。

②针对两条中心点相差较远的轮廓线的情况，提出了过中心点作辅助线的方法来对其进行连接，可避免原来利用坐标变化方法的繁琐。

③针对地质勘探资料中往往出现相邻勘探线不平行，使提取的轮廓线也不平行的情况，本书提出了利用交叉平、剖面的方法来建立控制线，然后利用与平行轮廓线相似的连接方法对两条不平行的轮廓线进行连接，以建立矿体表面模型。

④矿体表面模型和矿体块段模型都建立好以后，利用表面模型来对块段模型施加约束。为此，研究了模型粗略相交检测和精确相交检测的方法及其求交点的算法，以剔除不属于矿体模型的部分，使矿体表面与内部块段体元进行无缝结合，真正地实现一体化。

⑤利用 SVA 模型建立矿体模型的难点之一是计算边界不规则体元的体积。为了解决这一问题，在深入分析了规则体元被三角形面片切削后可能出现的情况的基础上，研发了不规则体元的体积计算的立体几何学的算法。

第5章 表面-体元一体化非层状矿体数据模型的压缩存储

5.1 传统八叉树模型

传统八叉树模型包括规则八叉树和线性八叉树，用来描述三维实体模型的时候，其划分规则都是一样的。其层次结构中的根节点为一个包含整个形体的立方体，如果形体充满整个立方体，则不再分割，反之要分成 8 个大小相等的小立方体，对于每一个这样的小立方体，如果形体充满它或它与形体无关，则不再分割，否则再将其分成 8 个更小的立方体，如图 5.1 所示，按此规则一直分割到不再需要分割或达到规定的层次为止。如果层次数为 n，则八叉树与 $2^n \times 2^n \times 2^n$ 的三维阵列相对应。

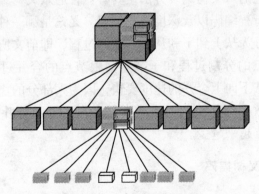

图 5.1 八叉树结构示意图

在八叉树的树形结构中，每一个节点如果不是叶节点则有 8 个子节点。根节点表示整个空间，对应一个边长为 $2n$ 的立方体，任何其他节点对应一个边长为 $2i$ 的立方体（i 为节点的深度）。从同一个父节点产生的子节点所对应的立方体是通过对父节点对应的立方体沿每一个坐标轴进行分割得到的，非终节点的子节点顺序对应于父节点立方体子块的几何顺序，非终节点称为灰节点。终节点意义在于要么含有最简单的目标，要么具有预先确定的最小边长。终节点有两种类型：一种是在对象的内部叫实节点，另一种是在对象的外部叫空节点。

八叉树最初的存储方式是每个节点用一条记录来描述，包括8个指针，如下代码所示：

Struct octree

｛Char NodeType；//节点的类型，W 为白节点，B 为黑节点，G 为灰节点；

Struct octree * oct［8］；//指向兄弟节点的指针；｝

struct octreeroot

｛float xmin，ymin，zmin，xmax，ymax，zmax；//根节点的空间坐标范围

struct octree * root；//根节点指针｝

5.2 三维数据编码方法

目前，传统的八叉树编码方法主要有：普通八叉树编码、线性八叉树编码和三维行程编码以及深度优先编码。无论是哪一种编码方法，八叉树的生成都分为从上到下和从下到上的过程，即前文所述的八叉树从根节点向子节点的分割过程和子节点向根节点的合并过程。从原理上看，相比之下从下向上合并的速度要快，因为大部分的块段只需要检查一次，仅有少数大块要检查两次或者是多次，且随着叶节点块数的增加，重复检查点越来越少。

5.2.1 普通八叉树编码

普通八叉树编码是八叉树最基本的编码方法，又称为明晰树编码。对于每一个节点记录以下信息：节点的类型、节点的属性值、指向兄弟节点的指针，如果是灰节点则有一个指向第一个子节点的指针和一个指向父节点的指针。这种编码方法采用了指针，明确存储所有需要的内容，没有任何数据压缩，因而便于检索。但是，由于指针占用存储空间

大，使得存储空间的使用率不高，而且增加了操作的复杂性，操作速度较慢，因此，实际应用中一般不使用。

5.2.2 线性八叉树编码和解码

为了克服普通八叉树编码的不足，Bak 和 Mill 在其论文中提出了线性八叉树，线性八叉树形成了一种对三维栅格数据进行高效压缩的编码方法，它只存储实的叶节点，内容包括叶节点的位置、大小、属性值以及节点与根节点的路径关系。叶节点的编码称为地址码，常用的地址码是 Morton 码，其中隐含了叶节点的位置和大小信息。对于建立一个三维物体来说，为了减少编码的时间，在数据压缩中通常采用自下而上生成线性八叉树的方式，节省了许多存储空间。由于线性八叉树存储内容简单，存储空间占用少，从而提高了运算效率。

对三维栅格进行编码，采用线性八叉树方式编码可以把三维行、列、层号转换为八叉树编码，也可以进行相反的转化，也就是说我们可以把三维体元数据转换成线性八叉树的编码进行压缩存储，也可以把八叉树编码解译成三维体元的编号，然后显示出来，这样就有利于对象的查询和存储。

（1）线性八叉树编码

从前面章节我们知道，一个栅格单元的位置，由它的左下角坐标和它在 3 个方向上的长度决定的，但为了操作方便，我们根据每个体元在 X、Y、Z 3 个方向上的编号来记录这个栅格。那么要实现编号的线性八叉树转化，首先就要把它的编号利用公式（5.1）来转化成二进制：

$$x = a_{n-1}2^{n-1} + \cdots + a_m2^m + \cdots + a_02^0$$
$$y = b_{n-1}2^{n-1} + \cdots + b_m2^m + \cdots + b_02^0 \qquad (5.1)$$
$$z = c_{n-1}2^{n-1} + \cdots + c_m2^m + \cdots + c_02^0$$

然后，转换成八进制编码：

$$q_m = a_m2^2 + b_m2 + c_m2^0 \qquad (5.2)$$

这样，得到的就是一个八进制的 Morton 编码。得到了八进制编码以后就实现了数据压缩的目的。相比之下，如果普通八叉树一个节点至少需要两个存储单元，而线性八叉树则只需要一个存储单元，这样，线性八叉树就比普通八叉树节省了一半的存储空间。

（2）线性八叉树解码

编号被转换成八进制进行了存储后，如果对这个块段进行查询、检索、定位，就要把选定块段的八叉树编码进行解码。其算法为，首先要明确 Morton 码对 X、Y、Z 3 个方向上的贡献，归纳如下，如图 5.2 所示：

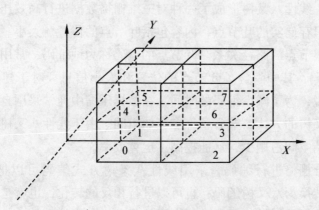

图 5.2　线性八叉树编码的示意图

若该位的编码值为 0，2，4，6，则对 Y 轴贡献值为 0；
若该位的编码值为 1，3，5，7，则对 Y 轴贡献值为 1；
若该位的编码值为 0，1，4，5，则对 X 轴贡献值为 0；
若该位的编码值为 2，3，6，7，则对 X 轴贡献值为 1；
若该位的编码值为 0，1，2，3，则对 Z 轴贡献值为 0；
若该位的编码值为 4，5，6，7，则对 Z 轴贡献值为 1；

如果 Morton 编码为 72 的块段，通过以上的规则，见表 5.1，那么，这个块段的二进制编码为 111010，它的三维坐标为（2，3，2）。

表 5.1　　　　　　　　　　　线性八叉树解码

Morton 码	7	2
在 Y 方向上贡献	1	0
在 X 方向上贡献	1	1
在 Z 方向上贡献	1	0

利用上述方法，对每个块段计算其 Morton 编码，然后将编码值进行排序，检查相邻 8 个码的属性值是否相同，如果相同则合并，如此循环直到没有能够合并的子块为止。这种编码的优点是便于实现块段所处的位置与其编码值之间的转换。缺点是存储器开销大，而且一般软件不支持八进制码，这样，就需要采用十进制码来表示每位八进制码，从而浪费了存储空间并会影响运算效率。

5.2.3 深度优先编码

深度优先编码是一种有序的节点排列，从根节点出发自上而下形成，当一个节点是灰节点时，其子节点紧随其后，先于灰节点同级的其他节点，例如，图 5.1 的深度优先编码为：

G（G（BBBG（BBBWWBBB）BBBB））

其中，W，B 和 G 分别表示白、黑和灰节点，为了清晰，对于每个灰节点的子树通常用括号，这种自上而下的排列保持了每一个节点的位置和大小。这种编码方式适用于对整个八叉树进行操作，但不利于八叉树的查询。深度优先编码主要用于三维图像处理，其存储空间占用情况类似于线性八叉树。为了进一步对线性八叉树或者是深度优先编码进行数据压缩，考虑采用三维行程编码。

5.2.4 三维行程编码

所谓三维行程编码就是将三维表示转换成一维表示，从而实现数据压缩的方法。在压缩过程中对属性值相同的连续编码进行压缩，同时保证空间关系没有任何损失。在三维行程编码中，叶节点采用与线性八叉树相同的地址码，即 Morton 码。十进制的 Morton 码是现在使用最广泛的一种方法，它具有线性八叉树编码的功能，但比常规八叉树和基于八进制的线性八叉树更有优势。由于十进制是一组连续的自然数，其中的顺序是一种空间最近关系。当采用自然数编码时，可以直接用 Morton 码作为属性值数组的下标。按照地址码的大小进行排序，得到的序列可以看成是一组子序列的集合，其中的每一个子序列对应于一组属性值相同的叶节点。对于每一个子序列只保留其第一个元素，删除其他元素，即可得到八叉树的三维行程编码表示。三维行程编码是线性八叉树的进一步压缩，其压缩的元素可以通过相邻两个三维行程编码的元素进行恢

119

复。

三维行程编码具有以下优点：

①由于采用自然数编码排列，提高了检索和查询速度，对于插入、删除等操作更为简便，而且它与线性八叉树的转换也十分方便。

②由于它和线性八叉树一样不需要记录中间节点，从而省去了大量的中间节点指针的存储空间；合并过程按照这种自然数的顺序节省了排序工作，在存储空间上更节省。

③它以十进制为编码，比八进制更符合人们的使用习惯；在生成速度和使用习惯上，也表现得更快、更方便。

④当检查相邻栅格的属性以判断能否合并时，它不需要排序，从而节省了排序时间。Morton码的建立过程类似于基于八进制的线性八叉树编码。

5.2.5　十进制 Morton 编码方法

栅格模型从三维阵列坐标到十进制 Morton 码相互转换的过程如下：

①块段在 X、Y、Z 三个方向上的编号转换成 Morton 码。

a. 将栅格阵列（I, J, K）分别以二进制形式表示 Y、X、Z；

b. 分别将（Y, X, Z）按位交错排列取位，如图 5.3 所示，即得到了八叉树叶节点的二进制地址码；

c. 将二进制码转换成十进制编码。

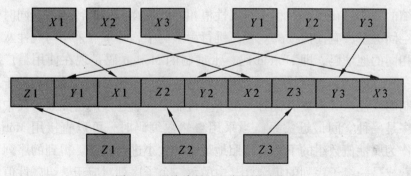

图 5.3　压缩编码过程中的交叉取位

假如图 5.3 中（I, J, K）分别为（2, 1, 3）的块所对应的二进制形式为：010，001，011，把它进行交叉取位得到二进制编码为：
101110，将二进制码转换成十进制码，就得到（I，J，K）块所对应的
十进制为46，其对应的 Morton 码为56。

其整个压缩转换过程如图5.4所示。

图5.4　数据的压缩编码过程

②八进制转换成行列号。

当已知八进制 Morton 码时，可反求出相应栅格的三维编号。其转
换过程如下：

a. 将八进制 Morton 编码转换成十进制 Morton 编码；

b. 对十进制 Morton 编码进行岔开取位，得到了二进制编码；

c. 对二进制编码进行岔开抽取（图5.5），得到了相应的十进制的
栅格坐标。

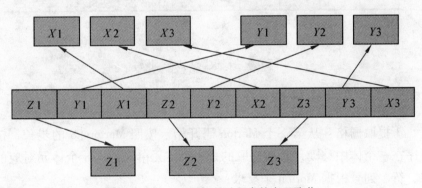

图5.5　Morton 码解码过程中的交叉取位

假设一个八进制编码为72，转换成十进制为58，那么它的二进制
编码为111010，然后在它前面加0补足9位，转换成000111010，这样
就交叉取位，得到了010，011，010，然后分别岔开抽取，便可得到相
应的三维栅格坐标值（K，J，I），得到块段的 Morton 码在三维坐标中
所处的位置（I，J，K）为（2，3，2）。

整个 Morton 码的解压过程如图5.6所示。

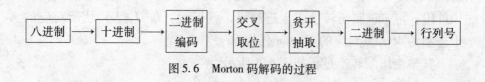

图 5.6　Morton 码解码的过程

对图 5.7 所示的实体数据采用十进制的 Morton 码根据属性进行压缩，其编码结果如图 5.7 所示。

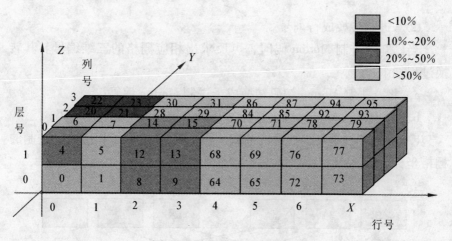

图 5.7　块段模型十进制编码

其编码的压缩过程为：

①提取栅格：从第一个 Morton 码开始，按照 Morton+8 的步长，按顺序在整个体中移动，每次提取的是 8 个体元单元，这 8 个体元对应的层、行、列号根据 Morton 来反求；

②比较体元的属性并压缩入栈：比较所提取的 8 个体元的单元属性值是否相同，如果相同，则记录这 8 个体元中最小的一个 Morton 码和属性值；否则，把这 8 个体元按照 Morton 码由小到大的顺序全部入栈，记录栈顶指针；

③压栈：由于第 2 步是对 8 个相邻的基本体元进行比较入栈，栈内数据的 Morton 码可能连续或不连续，因此，当栈顶达到一定值时，8 个栈顶属性值相等且其 Morton 码都已经合并后，就需要判断是否对已经

压缩的数据进行压栈处理，压栈的方法是：移动指针，使最上边的指针出栈。

从图 5.7 中可以看出，按照十进制的编码规则，最后得到的栈内数据见表 5.2。从这个数据中可以看出，编码规则是每次检测相邻 8 个体元数据的属性值，只要其中有 1 个属性值不一样，则 8 个体元的 Morton 码和属性值均要入栈，如果其他的 7 个属性值相同，统一属性值数据需要重复记录 7 次，这样最后的数据就产生了冗余。本书对原有的十进制 Morton 编码方法进行了改进，以减少这样的数据冗余。

表 5.2 **用十进制编码压缩后的数据**

编码	0	1	2	3	4	5	6	7	8	20	28	68	84
属性	0	0	0	0	3	0	0	0	3	2	0	0	4

5.2.6 改进的十进制 Morton 压缩算法

从上述压缩算法可以看出，在进行十进制 Morton 编码进行压缩入栈时，原算法是比较相邻的 8 个体元的属性是否相同，如果完全相同，则让这 8 个体元中的 Morton 中最小的体元 Morton 码和属性值入栈，否则，把这 8 个体元按照从小到大的顺序将其 Morton 码全部入栈，改进的算法则在此环节进行优化，其改进的压缩编码过程如下：

①提取栅格，这个过程和原来的十进制 Morton 码的提取过程一样。

②比较栅格并判断是否入栈：依次比较相邻的 8 个体元的属性值，如果后一个体元的属性值不等于前一个体元的属性值，则后一个体元的 Morton 码和属性值入栈，若后一个体元单元的属性值不发生变化，则不入栈。入栈时先判断是否和栈顶数据的属性值相同，如果相同，则不入栈，不相同则入栈。

③最后一个体元单元的 Morton 码和属性值入栈。

（1）改进的压缩编码算法的实现步骤

①以 Morton 码为循环变量进行循环，步长为 8，结束条件是循环变量大于或等于 $I \cdot J \cdot K$（I，J，K 为行列层）；

②根据 Morton 码反求行列层号；

③生成 Morton 码并依次比较相邻的 8 个体元的属性值，若后一个体元的属性值不等于前一个体元的属性值，则后一个体元的 Morton 码和属性值入栈，若后一个体元单元的属性值不发生变化，则不入栈，入栈前还是比较是否与栈顶数据的属性值相同，若相同则不入栈，若不相同则入栈，返回第①步，直到循环结束。

④判断最后一个基本栅格数据是否在栈内，不在则入栈。

（2）改进的解码算法步骤

对栅格数据进行了压缩以后，要根据以下解码过程对栅格模型进行解码：

①读取栈内数据；

②用栈顶数据的 Morton 编码反求行列号，并将栈顶数据的 Morton 编码和属性值赋予所求的栅格数据；

③以栈顶的指针数据为循环变量，步长为-1，结束的条件是栈顶的指针为空；

④按照压缩算法的规则，栈顶数据的 Morton 码与次栈顶编码数据的 Morton 码之差为相同属性的栅格个数，即栈顶与次栈顶之间的属性值与次栈顶的属性值相同，反求次栈顶的 Morton 码的体元的行列层号，将 Morton 码和属性值赋予该栅格数据，然后次栈顶的 Morton 码+1，求其行列层号，再赋值，直到加到等于栈顶数据的 Morton 码为止，最后栈顶数据出栈，回到第③步，直到栈顶的指针为空。

（3）压缩效率的检验

数据压缩率和压缩时间是检验压缩算法的两个重要指标，与改进前的算法相比，改进后的算法减少了判断是否压栈的循环语句和出栈语句，这样提高了数据压缩率，缩短了压缩时间。

从图5.7，表5.2 和表5.3 中可以看出，数据从 64 个经过传统的十进制 Morton 编码压缩算法以后，只需要存储13 个，其压缩率为79%，

表5.3　　　　　　　　　　用改进的十进制编码方法压缩后的数据

编码	0	4	5	8	20	28	84
属性	0	3	0	3	2	0	4

经过改进后的算法，只需要存储 7 个数据，那么其压缩率为 89%，可见其大大提高了压缩效率，降低了复杂度。

5.3 多分辨率扩展八叉树模型

5.3.1 扩展八叉树的建模方法

通过以上分析，改进后的十进制 Morton 编码方法与传统的线性八叉树编码方法相比，其数据得到了高效压缩，从另外一个角度来看，无论是规则八叉树、线性八叉树还是改进后的编码方法，其编码效率上虽然有了提高，但是没有考虑实体模型建模时边界精度问题。因为它们在划分整个实体模型时仍然把整个实体模型分成了纯体元——正方体。那么，要对边界不规则的体数据进行压缩就存在这样一个矛盾：提高边界数据的精度，则划分次数会增多；而划分层次少，则边界上精确度得不到保证。近年来，有许多专家试图在提高表达精度的同时不过多地增加数据量，对原有八叉树进行了改进，提出了扩展八叉树，本书提出的SVA 数据模型则把非层状矿体对象的表面作为整个体数据的约束引入到了八叉树数据的生成中，定义了叶节点可以为矿体边界的不规则体元，包括矿体的边界信息，从而可以实现矿体表面和内部的精确表达，生成的八叉树层次减少，结构更紧凑。

扩展八叉树减少了分解的次数，需要的存储空间也更少，除了白节点（W）、黑节点（B）和灰节点（G）之外，还包括以下扩展节点：

顶点节点：包含所表示物体的一个顶点，标为（V）。顶点的坐标用该顶点的 3 个坐标值来表示，如果为顶点节点，则存储节点的顶点坐标，如果为非顶点节点，则 3 个参数为 0，并且存储形成该顶点的大于等于 3 个面方程的系数，如图 5.8（c）和图 5.8（d）所示，其中图5.8（c）是由 3 个面组成的顶点节点，图 5.8（d）是由 5 个面组成的顶点节点；

边节点：包含所表示物体的一条边，标为（E），存储形成该边的两个面方程的系数，其他面的方程系数为 0。

面节点：包含所表示物体的一个表面，标为（F），存储该面方程的系数，其他面的方程系数为 0。

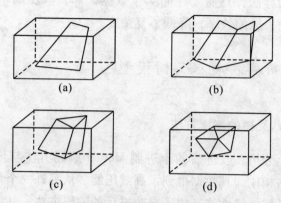

图 5.8　不规则体元的类型

　　节点大小由该节点在 6 个表面 3 个坐标轴上的截距来表示，也就是用左前上方顶点和右后下方顶点坐标差来表示。

　　用扩展八叉树模型表示矿体模型的原理是：矿体模型的边界体元是规则体元与三角形面片相交得到的结果，可以被剖分成 ARTP 体元，存储时用顶点节点、边节点和面节点来表示。矿体内部体元则可以用黑节点和白节点来表示。

5.3.2　扩展八叉树的特点

　　扩展八叉树与传统八叉树相比具有如下特点：

　　①同样继承了传统线性八叉树存储结构的优点，减少了存储量，节省了内存。

　　②用扩展八叉树模式，能减少分解层次。传统的八叉树必须把节点分解为全部为空或是为实，或者达到了规定的分解精度，这样就会有最小尺寸的节点出现，叶节点上的灰色节点均为最小尺寸节点。在采用扩展八叉树模式后，其分解层次只受到所表示形体尺寸的影响，一般不会有最小尺寸的节点出现，因为在传统的八叉树中需要继续分解的灰色节点在扩展八叉树中可能是不必再分解的顶点节点、边节点和面节点，从而减少了八叉树的分解层次。

　　③就其表现形式来看，该模式对形体的表示是精确的，比传统八叉树模式表示的精度高。传统的八叉树对形体的表示是近似的，这是因为

用传统的八叉树表示形体,通常会被分成纯体元,这些体元对形体的节点表示是近似的,只是它达到了一定的精度要求。在采用扩展八叉树模式后,它能准确地存储可供提取的边界信息,形体的基本几何元素(点、边、面)均以面方程的形式存储,其中顶点节点还存储着顶点的3个坐标,这些信息都是矿体的原有数据。因而,扩展八叉树模式具有精确的表示形式,比传统的八叉树模式表示实体模型时的精度高。

5.3.3 多分辨率八叉树

无论是传统八叉树还是扩展八叉树,它们在三维空间上划分的次数都是一样的。但是,目前钻孔一般也不过数百米,且一般的钻孔远远达不到这一深度,所以长方体的研究区域较多,立方体和近似立方体的研究区域较少。用传统八叉树表达三维实体,X,Y,Z方向上的分解度通常是相同的,并且分解率是2^n。这对不同方向上尺度相差较大的实体来说往往会造成有的方向上分辨率不够,而在另外的方向上分辨率又会过高的情况。北京大学宋扬提出在分解八叉树时,可以将八叉树、四叉树与线性表相结合来控制不同方向上的分辨率,即可以在空间X,Y,Z方向上设定不同的分解度,当3个方向都没有达到指定的分解度时作八叉树分解;如果在某一个方向上已经达到指定分解度,则在另外两个方向上作四叉树分解;同理,如果两个方向都达到指定的分解度,则只要在一个方向上作线性分解即可。这种结构可以有效地控制研究区域内不同方向的分辨率,一定程度上减少了存储空间的占用,避免了在某个方向上的浪费。多分辨率八叉树的数据结构具有如下特点:

①按需分解,避免了没有意义的分解,减少了存储空间和所需的系统资源,提高了数据的生成效率;

②以长方体为基本体元,克服了传统八叉树被分成纯体元而导致的局限性;

③八叉树的分解度可以是任意数值。

5.3.4 多分辨率扩展八叉树的数据结构

数据结构是三维模型构建的核心,良好的数据结构是一个成功三维数据模型的标志,本书集合了多分辨率八叉树和扩展八叉树模型的优点,提出了利用多分辨率扩展八叉树进行矿体模型存储,采用了以下数据结构，该数据结构简单，实现起来也比较容易，且能有效地反映物体的空间拓扑关系。

（1）规则体元数据结构

Struct RegularBlock

{

int Layer＝0，Row＝0，Column＝0；　//体元所在的层、行、列；

double LeftBottomCoorX，LeftBottomCoorY，LeftBottomCoorZ；　//块段左下角的 X，Y，Z 坐标

double Lx，Ly，Lz ；　//规则块段在三个方向上的长度；

double Grade；　//此块段的品位值，根据品位可以判断它的节点性质：黑节点、白节点

}

（2）不规则体元的数据结构

面方程系数的结构体：

Struct FaceCoefficient

{

double　A；

double　B；

double　C；

double　D；

}

Struct IrregularNode

{

int Layer＝0，Row＝0，Column＝0；　//体元所在的层、行、列；

Int NodeType；　//节点的类型

double X，Y，Z，　//点的三维坐标；

int FaceNum；　//形成该顶点的面的个数，根据面的个数来确定节点的性质

CArray <FaceCoefficient FaceCoefficient> FaceCoeff；　//组成顶点的面的数组方程；

double Grade；　//节点的品位；

}

通过以上分析，可以得到不同八叉树之间的区别，见表5.4。

表5.4 不同类型八叉树的特点比较

八叉树 类型	节点类型	X、Y、Z三个方向 上分解率	内外部表示用的 节点类型	存储方式
规则八叉树	灰、黑、白 3种类型	相同	内部:栅格节点 外部:栅格节点	存储所有节点 坐标、属性
线性八叉树	灰、黑、白 3种类型	相同	内部:栅格节点 外部:栅格节点	只存储叶节点 坐标、属性
扩展八叉树	灰、黑、白、面、边、 顶点6种类型	相同	内部:栅格节点 外部:矢量节点	只存储叶节点 坐标、属性
多分辨率 八叉树	灰、黑、白 3种类型	不同,自适应 分解	内部:栅格节点 外部:栅格节点	只存储叶节点 坐标、属性
多分辨率 扩展八叉树	灰、黑、白、面、边、 顶点6种类型	不同,自适应 分解	内部:栅格节点 外部:矢量节点	只存储叶节点 坐标、属性

从表5.4的分析可以看出，对大数据量的非层状矿体模型进行压缩存储时，利用多分辨率扩展八叉树数据结构对表面节点、顶点节点、线节点和其他黑色节点一样压缩存储，又根据不同的需要在X、Y、Z三个方向上采用不同的分辨率，弥补了传统八叉树边界问题的不足，有效地降低了节点数据的冗余，减少了分解或者合并的次数，提高了精度和运算效率。

5.4 八叉树的数据合并压缩存储

上述八叉树模型只是分析了它的分解过程，但是没有涉及数据的合并过程，本书则根据传统八叉树、扩展八叉树和多分辨率八叉树对实体进行剖分的过程分析，然后利用其合并过程，达到数据压缩的目的。

5.4.1　传统八叉树数据合并过程

　　传统八叉树在剖分过程中，要求在 X、Y、Z 3 个方向上的分辨率都是 2^n，这样就要求在 3 个方向上合并的基本体元个数都是 2^n 个，体元的大小相等，如果相邻的 8 个体元属性相同，如图 5.9（a）所示，首先在 X 方向上搜索合并，然后在 Y 方向上，最后在 Z 方向上，这样就得到了如图 5.9（b）所示的根节点 0、1、2、3、4、5、6、7 体元合并的结果。很明显，传统八叉树体元的合并过程，也就是数据压缩过程，但规定在 3 个方向上的体元大小相等，即为规则体元，分辨率相同，这样对于在 X、Y、Z 3 个方向上块段个数不一样的情况不适合。

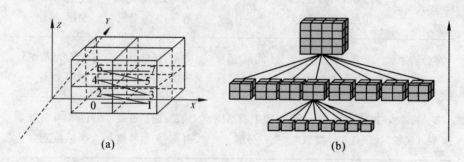

(a)　　　　　　　　　　　　　　　　　(b)

图 5.9　传统八叉树的合并示意图

5.4.2　多分辨率八叉树数据合并过程

　　多分辨率八叉树的剖分过程中，体元在 3 个方向上的分辨率不要求相等，那么在合并过程中也就不要求在 3 个方向上分辨率相等，如图 5.10 所示，在 X 方向分辨率为 2，Y 方向上分辨率为 2，Z 方向上分辨率为 4，合并的过程是：0、1、2、3、4、5、6、7 进行合并，8、9、10、11、12、13、14、15 进行合并，然后 01234567 和 89101112131415 进行合并，这样就完成了 X、Y、Z 3 个方向上不同分辨率情况下的合并。

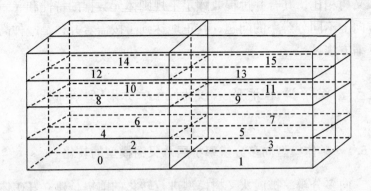

图 5.10 多分辨率八叉树数据的合并过程

5.4.3 多分辨率扩展八叉树数据合并过程

多分辨率扩展八叉树不仅在 X、Y、Z 3 个方向上分辨率不同，而且体元也并不要求是规则的，如图 5.11 所示，其合并过程和多分辨率八叉树是一样的，但是从图 5.11 中可以看出，它的体元 1、5、9、13 和体元 12 是不规则的，因此，该结构可以解决形状复杂的非层状矿体模型的数据压缩问题。

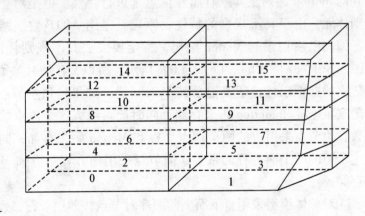

图 5.11 多分辨率扩展八叉树数据的合并过程

从以上分析可以看出，多分辨率扩展八叉树与传统八叉树以及扩展八叉树相比，其合并过程兼顾了不规则体元数据的特性和 X、Y、Z 3 个方向上不同分辨率的问题，真正地达到了按需合并，是一种高效的数据压缩方法。

5.5　多分辨率扩展八叉树的矿体模型存储

5.5.1　矿体模型向多分辨率扩展八叉树模型的转化

向多分辨率扩展八叉树模型进行转化的前提是建立好矿体模型，本书首先利用 SVA 一体化数据模型建立非层状矿体模型，然后利用多分辨率扩展八叉树模型对矿体模型进行存储。其主要步骤如下：

①规定有表面约束插值生成的三维非层状矿体模型的 X、Y、Z 3 个方向为行、列、层，按照不同的行、列、层对块段模型以八进制进行扫描分类，把节点分为规则节点和不规则节点，矿体内部的节点为规则节点，矿体边界的节点为不规则节点，即为边节点、面节点、顶点节点。

②节点划分以后，采用改进的十进制 Morton 编码方法，对节点进行编码：矿体内部的规则体元原来采用左下角坐标和节点 3 个方向上边的长度来存储，编码以后，只根据其所在的行、列、层号经过编码方法得到的 Morton 编码及其原有属性信息来进行存储。但是对于边界的不规则体元，由于其不规则的特性，原来是采用 ARTP 数据结构进行存储，编码以后记录其 Morton 编码，肯定要失去其不规则特性的数据，如图 5.8 中（a）、（b）、（c）、（d）所示。所以，存储时除了给它一个不规则的标识以外，还要记录其 Morton 码：如果是顶点节点，则通过点的三维坐标和 Morton 码来存储，同时记录组成这个顶点的面的方程系数；边节点采用边的两个端点坐标和 Morton 码来存储，同时记录组成这个边的两个面方程的系数；面节点采用面方程系数和 Morton 码进行存储。

③对矿体模型采用自下而上的顺序对节点按照层、行、列的顺序进行扫描，属性相同的节点进行合并，根据多分辨率扩展八叉树的性质，在不同的方向上根据不同的分辨率来进行 8 个节点合并、4 个节点合并和 2 个节点合并，利用与其父节点同级的编码来存储，每一层都采用同样的操作，直到被判断节点为根节点。

其合并过程相应的伪代码为：

```
if（i=0；i<X 方向上的分解度；i<i+2）
  {if（j=0；i<Y 方向上的分解度；j<j+2）
   {if（k=0；k<Z 方向上的分解度；k<k+2）
    if（只需要合并两个）//则合并两个
      {if（规则体元）{则直接合并编码，记录属性}
       else（不规则体元）
         {if（点节点）
         {合并编码，同时记录其属性信息；}
         else if（边节点）
         {合并编码，同时记录其属性信息；}
         else（面节点）
         {合并编码，同时记录其属性信息；}
         }
       }
    else if（只需要合并四个）//则合并四个
      {if（规则体元）{则直接合并编码，记录属性}
       else（不规则体元）
         {if（点节点）
         {合并编码，同时记录其属性信息；}
         else if（边节点）
         {合并编码，同时记录其属性信息；}
         else（面节点）
         {合并编码，同时记录其属性信息；}
       }
    else if（只需要合并八个）//则合并八个
      {if（规则体元）{则直接合并编码，记录属性}
       else（不规则体元）
       {if（点节点）
         {合并编码，同时记录其属性信息；}
         else if（边节点）
         {合并编码，同时记录其属性信息；}
```

```
            else(面节点)
            {合并编码，同时记录其属性信息；}
        }
    }
    }
}
```

5.5.2　实例分析

本书建立矿体模型的数据来源于某铁矿的数据，整个研究区域东西长约 1 400m，南北区域约 2 200m，厚度 600m，研究对象即为 1 400m×2 200m×600m，经过上述算法，数据压缩量对比结果见表 5.5。

表 5.5　　　　　　　　　　　矿体模型数据压缩对比

块段大小	数据压缩前（SVA 模型）					数据压缩后（多分辨率扩展八叉树模型）		
	三角面片数	规则	不规则	耗时	大小	体元个数	耗时	大小
50×50×25	659	730	2 388	367s	944k	779	107s	329k
75×125×40	659	44	689	129s	388k	182	57s	123k

从表中可以看出，利用改进的十进制 Morton 编码和多分辨率扩展八叉树模型对利用 SVA 数据模型建立矿体模型进行数据压缩编码存储，在其体元个数、数据量和生成模型的时间上都减少了。同样，改进的十进制编码方法也较传统的十进制编码方法有明显的优势。

5.6　本章小结

非层状矿体块段模型的细化和精化与其数据存储量之间往往是一对相辅相成的矛盾，解决这一矛盾问题的办法之一就是进行数据压缩。

①针对目前非层状矿体建模方法数据量大和传统八叉树模型存储三维数据模型方面的局限性，通过对传统八叉树、扩展八叉树、多分辨率八叉树的特点进行分析比较，并经实际数据测试表明，多分辨率扩展八

叉树技术是当前对表面-体元一体化非层状矿体模型进行压缩存储的最佳方法。本书研发了基于多分辨率扩展八叉树数据结构的三维矿体重构和存储的模型与算法，该算法采用自下而上的方法自适应地构建多分辨率扩展八叉树结构，并单独处理表面不规则体元，对其采用面节点、边节点、顶点节点进行存储。与传统的八叉树生成算法相比，该算法减少了三维矿体模型存储过程中的数据量，提高了矿体表面模型的精度，避免了对边界模型采用传统的方法不断细化体元而出现的数据量膨胀问题，满足了高精度空间分析的需要。

②通过对几种传统八叉树编码方法的分析，对原有的十进制 Morton 编码方法进行改进，来对非层状矿体的多分辨率扩展八叉树模型进行编码存储，还可以自适应地对矿体体元模型从下到上进行合并，减少了数据冗余。

第6章 系统开发与应用

6.1 系统的需求分析

6.1.1 系统的生产现状分析

通过对某地区非层状矿体的矿山进行调研，发现该地区在矿产资源开发方面存在以下特点：

①矿山企业数量多、企业规模小。

②矿山开采布局和结构存在明显不合理。突出表现在：一个矿区或同一个矿体多家开采；一个矿体不同水平由不同的矿权人开采；还有，同一个矿权人在不同的矿床、矿体上与其他矿权人交叉开采，矿山或采区规模普遍偏小。

③矿山开采科技含量低。绝大多数进入地下开采阶段，在采矿、选矿等方面还谈不上科学合理的采矿方法和工艺，多数是土法上马，凭经验开采，地质、测量、安全保护等技术力量薄弱，在安全管理方面尚未有信息化技术支持；矿石洗选工艺水平低。

④资源开发属于粗放经营。采厚弃薄，采浅弃深，采易弃难。

⑤矿山开发浪费资源。例如，有的铁矿多采用竖井开拓，浅孔留矿，人工或半机械铲运。个别井下矿采用斜井开拓，配合平硐采矿，人工铲装，柴油车运输，中段高一般不超过 20m，回采率一般是 80%~85%，贫化率为 5%~8%，个别达 12%；选矿回收率为 85%~88%，个别达到 90%。

⑥矿产安全生产基础薄弱，抵御事故能力差。一些矿主急功近利，不重视安全生产投入，从业人员素质低，安全意识差，缺乏自我保护能力；不科学的开采容易导致地表沉陷、冒顶等安全事故的发生，存在较

多安全隐患。

6.1.2 系统的功能需求分析

从实际调查中，可以看出信息化管理在矿山管理和企业生产中尚未得到广泛的应用。生产、设计和管理大部分都依靠手工模式进行。例如，采用手工绘图方法绘制日常生产的图件。工作模式不规范、效率低，极大地限制了矿山生产和管理水平。因此，对矿体建模进行三维可视化有利于矿山设计手段的优化。从矿山生产业务流程来看，主要包括以下几个方面的需求：

（1）地质测量管理信息化

经过20多年的发展，矿山管理的现代化、信息化已经被提到新的日程上来。地质、测量、水文、储量、设计等科室的生产图件和基础数据还没有实现信息化管理。图形主要依靠手工绘制，大多数工程人员还不能熟练操作计算机软件（如 AutoCAD）进行设计和绘图。地质资料、测量资料用卡片、手簿、文档、台账等形式进行记录。

（2）图形的动态绘制和更新

由于矿山探采结合的开采过程，要求不断对矿体形态、钻孔设计、采准布置进行设计调整和重新绘图。AutoCAD 图形或者其他绘图软件的图形往往是一张不能更新的图，用户无法快速得到新的图形。在实际矿井生产过程中要求系统能够根据最新的地测信息动态修改或自动生成地测图形，具有动态处理图形的功能，实时从数据库中获取数据更新图形，并进行平剖对应，自动绘制平面图和剖面图，随着开采工作数据不断增加，图件内容也不断更新。图形系统在现有基础上要求能达到以下几个功能：

①生产勘探钻孔绘制命令，自动绘制生产勘探钻孔位置和井巷见矿点位置；

②自动或者交互绘制矿体轮廓线，参考生产勘探钻孔，也可以选择是否参考地质勘探钻孔；

③平剖对应命令，剖面数据交流到平面使用，剖面图交流到平面使用；

④在生成预想剖面时，平面图和剖面图同时显示，方便平剖对应；

⑤根据三维剖切数据和体数据，生成预想剖面和分段平面图；

⑥自动绘制生产勘探钻孔的单孔柱状图；

⑦沿勘探线剖切巷道，生成巷道剖切图。

图形系统能够拥有绘制采掘工程平面图、采准设计平面图、矿房剖面图等动态制图功能。

（3）建立矿体三维地质模型

通过数据库和图形数据，建立矿体三维地质模型，可以进行任意水平角度和垂直角度的剖切，生成预想剖面图和分段平面图，并供生产实际使用，生成三维巷道模型和钻孔模型。对矿体进行三维可视化显示和操作。三维系统在现有的基础上要实现如下几个功能：

①根据平面轮廓线或者剖面轮廓线，生成矿体模型；

②可以进行任意水平角度和垂直角度的剖切；

③自动生成三维巷道模型；

④自动生成钻孔模型。

（4）建立地质和测量数据库

建立矿山地质测量网络数据库，主要包括：地质钻孔数据、生产勘探数据、钻孔化验样品数据、矿山测量数据等。从而实现对数据的动态管理、数据查询、分析和报表等功能。

地质数据库中需要实现如下功能：

①管理地质勘探钻孔。地质勘探钻孔大多以 CK 开头。由于属于 20 世纪六七十年代的地质资料，因此是斜孔，且没有方位角。

②管理生产勘探钻孔。生产勘探钻孔的命名需要统一，里面尽量不要上标。生产勘探钻孔需要有岩性描述、采取率，是矿体的要有品位化验数据，还要绘制钻孔柱状图，计算钻孔地层资料，需要加上倾角和方位角，根据距离和开始点的坐标计算。

③管理巷道揭露的见矿点资料，要根据卡片设计字段，并且能够打印。

④暂时先不考虑钻孔分段化验数据。但是必须作为预留字段，为将来扩展。

⑤测量数据库基本不需要修改，并且能够满足需要。

6.1.3　系统的服务对象分析

就目前应用来看，三维可视化建模系统能够应用于矿山如下专业部门。

（1）地质测量部门

地质测量为矿山开采提供了基础数据。利用基础地质勘探数据、剖面数据、地震数据等进行地下矿体建模，模拟真实的矿体几何形态，显示钻孔信息，地表、矿体等三维信息，并对其内部进行属性填充，生成的地质模型可以计算储量、估算品位、计算工程量。为矿山开采规划准备基础数据。

（2）采矿设计部门

矿山开采与三维地下空间位置密切相关。从根本上来说，三维采矿设计符合设计师的思维习惯。例如，可以根据采矿设计的各种参数实现参数化三维设计，根据参数自动生成各类设计模型，并将设计结果在地质、巷道等模型中进行验证。根据设计参数实现各种爆破设计、巷道设计、公路设计等。

6.2　系统的初步设计思路

根据以上需求分析，矿体三维建模系统是根据不同的用户需求进行开发的。因此，我们根据用户的类型分析，以及功能分析从底层重新设计系统，进行软件构件化设计，并重新合并功能和操作模式。

6.2.1　2DGIS 和 3DGIS 数据一体化

系统提供点、直线、多边形、三角形、四边形、弧段、ARTP、注记共 8 种基本类型，并可以根据实际需要在此基础上增加实体类型，所有实体等都有三维坐标。因此，从底层来说二维系统和三维系统可以做到完全的数据共享。根据这一思路，二维系统、三维系统可以共用数据，只是不同的系统采用的绘制方式不同。二维系统采用 GDI 绘制，三维系统采用 OpenGL 绘制。

这种开发思路有利于解决以下问题：

①三维数据来源问题。二维和三维一体化扩大了三维系统数据的来源，任何有三维坐标的实体，均可以被三维数据读取和显示，相比以前三维数据需要在二维平台中一一导出要灵活得多。

②三维交互操作问题。在三维上交互编辑空间对象，相比二维要复

杂和困难。数据一体化可以实现二维三维交互编辑，一旦碰到较为复杂的数据操作，直接在二维上进行操作，避免了三维环境中编辑的复杂问题。将这些任务简化并限制在二维图形上，优点在于符合实际工作流程，减少了计算机处理的复杂性，提高了效率和实用性。

③检查数据错误。通过二维和三维数据一体化，对三维空间对象的模型进行直观显示，以便发现二维系统中难以发现的数据错误问题。

④实用性问题。目前，三维的信息系统在矿山实际应用中还不普遍，国内矿山企业还是以传统的二维矿图为依据进行计划和施工。例如，在地质方面还在沿用传统方法，地质人员解译钻孔，揭露地层数据，圈定剖面矿体边界线，绘制采掘工程平面图和生产勘探剖面图，在平面图和剖面图的基础上计算储量。因此，我们认为二维和三维数据一体化是比较实际的办法之一，可以迅速扩大三维系统的使用频率，开发更加实用化的功能。

6.2.2　三维系统设计组件化

组件技术使得系统的可重用性、可扩展性大大增强，方便系统的更新升级、系统维护和二次开发。因此，三维系统设计必须采用组件思想，如图 6.1 所示。从整个系统构成上来看，系统应该被分为如下四个层次。

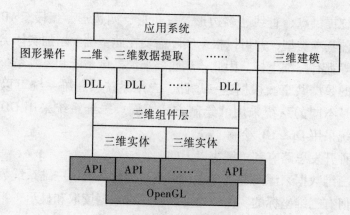

图 6.1　组件化三维系统设计

①OpenGL 底层。OpenGL 图形库是三维图形绘制的基础 3D API，它包括了 120 个图形绘制函数。三维系统在最底层直接调用这些图形函数进行绘制。OpenGL 对于交互式三维图形建模、外部设备管理以及编程灵活性有很大的优势，对于开发专业的可视化系统和三维设计系统等非常合适。

②对象层。对三维对象进行封装。三维对象层则对点、直线、多边形、三角形、四边形、弧段、ARTP、注记共 8 种基本类型进行封装，进行对象管理。对象层提供绘制、外包盒、选中、存储、颜色、光照、法向量、纹理映射等属性和方法。从底层来说，二维系统和三维系统都可以做到完全的数据共享。

③三维组件层。根据不同的三维对象，将基础类型再进行封装。类似于二维，三维组件层也具有基础组件和专业组件。基础组件主要是封装系统的基本功能，如场景显示、图层编辑、图层管理、数据处理、数据访问等。专业组件针对矿山专业需求开发钻孔显示编辑、数据导入、录屏输出等专业功能。

④专业应用层。该层是指针对不同的专业需求，将组件拼装到一起，完成需求。专业应用层首先具有一个应用模板。每个专业应用系统的构建只需要在相应的模板上增加自己特定的功能即可，而不需要再次开发通用的功能。

6.2.3 三维数据显示符号化

符号化思想是指将三维基本类型进行符号化表示。这一思路类似于二维中的符号化。在二维中，线型和符号库按照专业进行分类，符号分为一般符号库、地质符号库等。线型也可以根据用户需要加载显示。类似的，在三维中也可以将显示三维对象进行符号化显示。

例如，制作 3DS 符号库，将 3DS 符号加载到点、体等各种基本实体上。制作不同的绘制类型，针对线、面等基本实体配置不同的三维显示方式：①点：主要表达有垂直高度感的对象，可以配置 3DS 符号，也可以绘制柱体、长方体等；②直线、弧段等：主要表达边界物体，矿体三角形网和块段模型等显示方式表示；③多边形、面等：主要表达矿体；④标注：标注是一类单独显示的符号。

6.2.4　三维数据组织对象化

矿体建模的三维数据来源多种多样，每类数据都具有复杂几何形态和属性信息。在三维可视化系统中，必须针对各种具体应用对这些数据进行分类，每个具体的应用都需要设计一种合理高效、易于扩展的数据模型来描述和表达矿区的各类空间对象，在此基础上对矿区的各类空间对象进行三维可视化。

在实体层，对三维对象进行封装，主要有钻孔类、勘探线类、地层类、样品点类等。每一个类具有独特的绘制方式。在底层采用了统一的数据组织方式。图 6.2 显示了三维系统的数据组织方式。每一个数据对象由若干个数据集组成。数据集针对矿山数据抽象成不同的类，其具体内容和实现都在子类中。一个数据集包含两部分内容：几何数据和相应的属性数据。

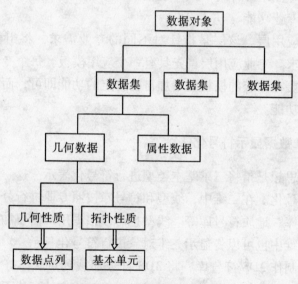

图 6.2　三维数据组织方式

数据集中的几何数据包括拓扑性质和几何性质。拓扑性质是指在特定的几何变形下属性不发生变化的一种性质。旋转、平移、缩放都属于几何变形。几何性质是对拓扑性质的实例化，是在三维空间中的定位。

例如，当一个多边形为三角形时，就确定了三角形的拓扑性质，而当给定顶点坐标，则确定了三角形的几何性质。

计算机所描述的数据往往是离散的，而我们能够获得的测量数据、钻孔数据、地震勘探数据也都是离散的。我们很难在空间上取得连续的测量数据。数据集的属性数据包括标量、矢量、法向量、纹理坐标、自定义变量。因此，一个数据集是基本单元和数据点列的集合。

以三角形为例，点列表中包含了顺序的点坐标。基本单元类型为三角形，三角形的顶点索引为 0，3，5。则（0，3，5）代表了一个基本单元，（0，3）是三角形的边。三角形的拓扑关系暗含在基本单元里面。几何数据的拓扑性质被称为基本单元（Cell），而其几何性质则是由一系列点列（Point）组成。基本单元描述了数据集的数据拓扑结构，而数据点列给出了基本单元上的顶点坐标。

在数据集中除了几何数据外，还有数据结构附带的属性数据。通常情况下，属性数据是与数据集中的点或单元相关的，也有时与边界或者面片相关。属性数据可能赋予整个数据集，也可能贯穿一组点或单元。

①标量：指可以用一个不依赖坐标系的数字表征其性质的量，例如品位。标量没有方向。

②矢量：需要不依赖于坐标系的数字及方向表征其性质的量，既有数值大小又有方向。在三维中由三个分量（u，v，w）表示。

③法向量：数量为 1 的矢量。法向量往往用来控制多边形的正反方向。

④纹理坐标：将笛卡儿坐标系的一个点映射到 1 维、2 维或者 3 维纹理空间。纹理空间是指纹理映射。纹理映射是一组固定的颜色、密度、透明度，主要用来渲染物体。

⑤自定义变量：当上述属性都不能满足实际应用，则可以设计自己的属性数据，称之为自定义属性。

三维数据必然比二维数据丰富，包含的基本类型更多。我们提到的对象不仅有二维对象，也有三维对象。数据组织模式则与二维系统的数据组织模式类似。

对象是指图形文件中信息的类型，目前有 5 种对象：头信息、相机对象信息、材质信息对象、实体对象信息以及图层对象信息。其中实体对象，包括实体坐标等空间信息、属性连接信息、颜色对象和法向量对象。每一种对象都包括 3 个部分，即对象标识、对象数据区的大小、对象数据区。

三维数据组织对象化的基本特点如图 6.3 所示。

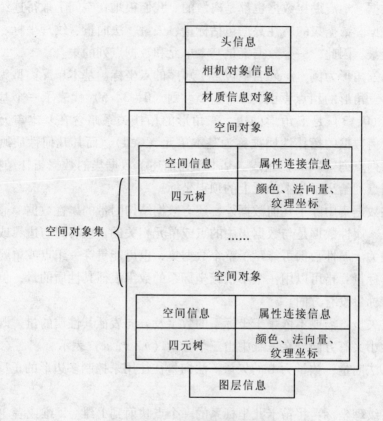

图 6.3　三维数据组织示意图

①对对象进行封装：通过对象标识可以找到对象的头，通过对象数据区大小可以找到对象的尾，实现了对对象的封装，对图形中各种实体都进行了封装。

②文件格式紧凑：实体长度为变长。实体对应的属性表为变长，每条记录也为变长，充分利用存储空间。

③实现了对象的封装，对象之间互不影响，在文档版本管理上实现了高版本对低版本的自动兼容。

6.3 系统的总体设计

6.3.1 系统的技术路线设计

结合 GIS 技术、数据库技术和数学相关的几何算法等在空间数据管理以及图形输出方面表现出的独特优势，在 Windows 系统下，采用 Visual C++6.0 作为程序开发语言，进行底层开发，设计了非层状矿体三维建模系统。系统的技术路线如图 6.4 所示。

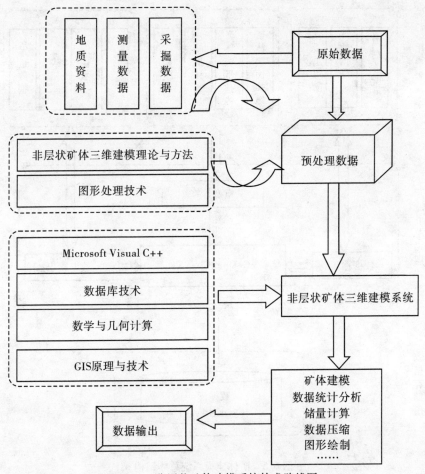

图 6.4 非层状矿体建模系统技术路线图

145

6.3.2 系统的总体结构设计

采用三层体系架构模式进行系统的设计，以实现"高内聚、低耦合"，集中解决各环节内部的问题。借助于三层架构模式，项目设计的系统的总体结构划分为如图 6.5 所示的数据存储层、业务逻辑层、用户界面层三个层次，有利于系统的开发、维护、部署和扩展，实现数据管理和图库交互机制，把数据所反映的矿体形态较精确地反映到设计图上，作为采矿地质设计的依据，从而使矿山工作人员做出正确的决策。

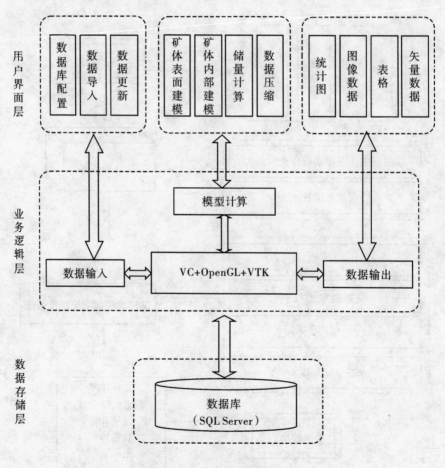

图 6.5 矿体建模系统总体结构

（1）数据存储层

地质信息数据库的设计是系统开发和建设的重要组成部分。数据存储层就是 DBMS，负责管理数据库数据的读写，它必须能够迅速地执行大量数据的更新和检索。地质数据库可以存储地理空间数据及其相关属性数据，并可以分析各个空间实体间的相互关系。系统数据库是系统的各项功能得以实现的数据基础。在系统数据库的管理中，如何将各种数据按照一定的结构进行组织、存储和管理，以便提高系统的信息查询和处理效率是系统数据库设计的关键。现在的主流是关系数据库管理系统（RDBMS）。本系统采用 SQL Server 2000 数据库来存储地质测量的空间数据和属性数据，从业务逻辑层传送到数据存储层的要求是使用 SQL 语言，利用其关系数据库管理系统的能力，并结合地质测量数据的特征以及 GIS 空间数据库技术，使空间数据与属性数据实现一体化的无缝集成，实现地质测量信息的录入与查询以及数据的管理及分析，为矿体三维建模提供所需的数据源，提高本系统数据的查询和存取速率。

（2）业务逻辑层

业务逻辑层在体系架构中的位置很关键，它处于数据存储层与用户界面层的中间，起到了数据交换中承上启下的作用，是系统架构中体现核心价值的部分。本书所设计的系统作为专业的矿体三维建模平台，提供了强大的图形操作功能，包括：基本绘图、视图操作、捕捉功能、图形参数匹配功能、实体编辑等，而且还提供了各种接口，提高了系统的可扩展性，不断满足用户在实际生产中提出的新的功能需求。本系统借助该平台很好地实现了矿体建模，并通过高效的用户界面层操作将数据存储层里的数据图文并茂地展现在用户面前。同时，利用平台提供的良好的人机交互界面，使系统的操作更加灵活，可以更好地与用户进行交流，提高操作的准确性和实用性。

（3）用户界面层

在三层体系架构中，用户界面层应用的是用户接口部分，它担负着用户与应用层间的对话功能，它负责检查用户从键盘等输入的数据，显示应用输出的数据，为了使用户能直观地进行操作，一般要使用图形用户接口（GUI）。在变更用户接口时，只需改写显示控制和数据检查程序，而不影响其他两层。本系统应用用户界面层与系统用户进行交互，并处理有关矿体建模的各种数据和图件。基于 GIS、数据库技术和相关的几何算法等分析、处理空间数据库中的地质测量数据,利用系统的基本绘图和处理图形功能,首先结合地质勘探线平面图、剖面图以及采掘功能平面图等,获得矿体建模的数据源;然后,通过分析这些地质测量数据,建立矿体建模数学模型;最后进行模型数据的输出等。

6.3.3 系统的图例库设计

整个系统中所有图形的输出都要通过图例来表达地图内容的基本形式和方法,是信息实现有效传输的基础,是读图所借助的工具,对其准确的数字化表达是实现地图信息传输的前提条件。地图符号一般包括各种大小、粗细、颜色不同的点、线、图形等。经过抽象,任何图形图例基本上由两部分组成:文字信息和几何特征。对应于图例实体,则表现为图例的结构设计和图例符号的数字化。如从图形图例所表达的地物特征类型上加以抽象,又可以将图形图例分成三大类,即点状符号、线状符号以及面状符号。本系统设计了一套非常适用于矿体建模的图例功能,如图 6.6 所示,它不仅可以高效精确地绘制和修改图例,而且具有很强的可扩展性。

(1)点状图例的设计思路与模型建立

在矿体建模的过程中,点状实体具有非常重要的作用,点状图例也很关键,如钻孔的见矿点,地面钻孔点分布等。对于点状图例的设计,基于以下思路,如图 6.6(a)所示:第一,分析点状图例的结构体系和组合特征,将图例分为两部分,一部分是符号特征(几何特征),一部分是数值(文本)。第二,基于他们的组合特征,设计图例模板,分别设计这两个部分。对于符号特征部分,系统可以按照不同比例尺分别设计并绘制各个图例符号,制作图例模板;而对于数值部分,则将数值部分按区域进行划分,同时设计其字体大小、颜色等特征,制作图例模板。

(2)线状图例的设计思路与模型建立

线状图例也是矿体建模图例的重要组成部分,如地质勘探线、钻孔柱状等。对于线状图例的设计,系统分三个部分建立模型,即线宽、线型和颜色,如图 6.6(b)所示。它们并不是简单的叠加,而是一个集

148

合，即将它们看作一个集合来设计。对于线状图例的绘制，同时也可以进行添加和修改，以提高绘制图例的可扩展性。

（3）面状图例的设计思路与模型建立

面状图例在矿体建模系统中主要包括建立矿体表面模型的三角面片以及规则块段体元的四面体的面和不规则体元的面等。对于面状图例，系统通过分析其组成特征，将其分为外轮廓和填充区域两部分，如图6.6（c）所示。其中，外轮廓是一种线型特征，可按线型或者矩形框绘制。对于填充区域，可以使用填充功能绘制。

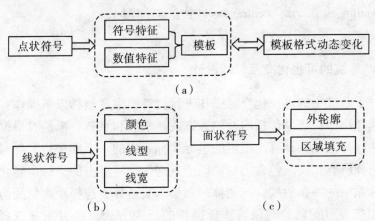

（a）点状图例模型；（b）线状图例模型；（c）面状图例模型；

图 6.6 矿体建模系统图例的三种模型

（4）图例对象的数据结构

在设计的时候可将图例看作一个符号对象，根据各种对象的特点建立图例符号的基本数据结构，利用改变其数据结构中（颜色、尺寸、旋转特性、图例种类、图例名称等）字段数值，可以达到对图例对象的调整。例如，钻孔图例符号对象的数据结构可定义为：

```
struct CsymbolStruct
{

    Int          id; //内部码
    Csting       m_ objid; //对象标识
    Cstring      m_ layer//图层
```

```
Int            m_ color；//颜色
Double         m_ length；//长
Double         m_ width；//宽
Double         m_ angle；//角度
BOOL           m_ isrotate//旋转特性
Cstring        m_ att；//属性
Cstring        m_ kind；//图例种类
Cstring        m_ name；//图例名称
Double         m_ centrexpos；//中心点 x 坐标
Double         m_ centreypos//中心点 y 坐标
};
```

6.3.4　系统的可视化交互管理设计

对于系统中的可视化交互操作进行设计，主要包括以下操作：

选择操作：选择包括两种输入方式，框选和点选。框选时根据选框四边的屏幕坐标，计算出框定的世界坐标系中的一个四棱台，与对象求交，选择所有相交或包含的对象。而点选则是将点击的坐标点转化为世界坐标系中的一条射线，与物体表面做求交运算，选择距离射线源点最近的相交表面所属的对象。选择操作的行为方式，则有重新选择、增选、减选。

复制、删除操作：复制对象的场景节点，并在节点下挂一个相同的对象，或者删除一个节点下的对象。

平移、旋转、缩放操作：修改节点的坐标变换矩阵的操作，改变节点本地坐标系，整体地改变节点下的对象的空间信息。

6.3.5　基础运算库

基础运算库是对常用的二维、三维简单几何体、几何运算和算术运算进行封装形成的一套类库，在图形渲染引擎封装这一类库的目的是使引擎其他功能和系统上层可以便捷地调用其中的数据结构和算法。

图形渲染引擎中的基础运算库主要包含以下一些简单几何体和基本算术对象类：

二元矢量（Vector2）：常用于表达屏幕坐标点，纹理坐标等。

三元矢量（Vector3）：常用于表达空间坐标，三维纹理坐标等。

四元矢量（Vector4）：常用于表达带透明度的色彩信息等，以及进行四元数据传递。

三元矩阵（Matrix3）：3×3 矩阵，常用于空间坐标运算。

四元矩阵（Matrix4）：4×4 矩阵，常用于表达视图矩阵、旋转矩阵等。

四元素（Quaternion）：四元素也是一个包含四个浮点类型标量数据的数据组，在三维图形运算中，可以被用来表达相机、实体场景等的旋转信息，因此在四元素类中封装了旋转，与旋转矩阵之间的变换，与本地坐标系坐标轴间的变换等操作。

多边形（Polygon）：由多个共面点有序排列构成的空间多边形。常用于空间对象表面的表达。

三角形（Triangle）：三角形本质上也是多边形的一个特例，常用于表面三角网模型，由于与三角形有关的运算也十分频繁，因此单独封装了三角形数据结构，并包含了常用的三角形运算，如法向量运算。

轴平行盒（Axis Aligned Box）：三条边的方向与坐标轴平行的长方体，常用于表达包围盒。

平面（Plane）：平面由平面法向量和法向量方向上的截距来确定，平面常用于表达相机远、近截面等。

球体（Ball）：常用于表达一个空间点一定距离以内的区域。

射线（Ray）：包含源点和方向的空间数据，常用于表达视线、光线以及选择线。

此外，还包含了这些对象上的常用运算：

算术运算：包括三角函数运算、幂运算、对数运算等。

几何求交运算：包括各类几何体（空间点、射线、多边形、平面、轴平行盒，球体等）相互之间的求交运算。

距离运算：包括求取各类几何体之间的距离运算。

角度运算：主要是二维、三维矢量之间的角度运算。

包含判定运算：空间区域与空间点之间，平面上的多边形与平面上的点之间的拓扑包含关系判断运算。

6.3.6　空间数据库引擎

空间数据库引擎是地理信息系统应用的一个中间件，它是一个提供存储、查询、检索空间地理数据以及对空间地理数据进行空间关系运算和空间分析的程序功能集合。它运行于一个底层数据库之上，屏蔽了底层不同关系数据库以及不同数据格式的差异，为用户提供了统一的操作和管理空间信息的接口。采用 SDE，为异构环境下的 GIS 应用和开发提供了一个解决方案，对当前 GIS 重大行业应用系统的开发具有重要意义。

①以 RDBMS 所支持的标准数据类型对表示地理特征的空间数据及属性数据进行存储；

②在空间数据库中，有效地对空间数据进行组织；

③解释客户端 GIS 应用程序的 SQL 语句，并在空间数据库中进行相应的操作，如空间、属性数据查询、插入、更改、删除，并将操作结果反馈给用户。

通过空间数据库引擎可以用 DBMS 对空间数据加以管理和处理，提供必要的空间关系运算和空间分析功能。通过空间数据库引擎实现 C/S 的分步计算模式，实现空间数据的透明访问、共享和互操作，从而建立真正意义上的分布式空间地理数据库。

该模块一方面使用 OTL 技术在常规关系数据库的基础上进行封装，开发出针对三维引擎的空间数据库引擎，使用户能在不同数据库中自由地操作和管理空间数据和属性数据。该空间数据引擎支持数据库 SQL Server。另一方面需要对地质数据库提供接口，将三维地质数据（地质观测点数据；采掘工程平面图等）读取到引擎中，为三维引擎中的地质建模和可视化提供数据。空间数据库引擎结构如图 6.7 所示。

空间要素是现实地物的抽象表达，空间要素根据几何对象类型的不同，可以分为点要素、线要素、面要素、文本要素等。系统支持的简单矢量实体有：点实体、直线实体、折线（包括曲线）、多边形实体、面实体、节点实体、弧段实体等。

矢量的实体结构存在二进制文件中，其中包括了基本信息（名称、图层索引、颜色、符号等）和几何信息（坐标点个数、坐标点序列等）。实体所有的基本信息相同，因此可以存储在一个表结构之中，但每个实体的几何信息是不同的，不可能只对应于一个表结构。所以，

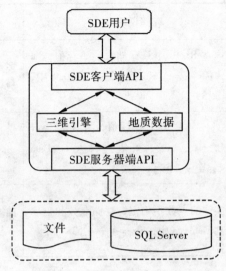

图 6.7　空间数据库引擎结构

要想把矢量数据完全用 SQL Server 管理，需要将几何数据保存为 BLOB 类型，从而让一条记录对应一个矢量实体。这里涉及的实体基本信息都是指图形信息，不包括它的属性信息，属性信息的 RDBMS 存储已经比较成熟了。

实体在 BLOB 中几何数据的存储方式（结构）：几何信息字段可以用 WKT，或者 WKB 格式，或者用户自定义的格式，这里采用自定义格式。可以利用 ADO 或者其他标准数据库访问方法来访问存储的实体数据集的表格，这样数据库中非几何部分内容对用户完全透明，但是几何数据用户则不易获取，所以采用自定义格式应当对存储方法进行说明，以实现对用户完全开放。假设 BLOB 字段名称为 GeoData，存储方式说明见表 6.1。

在 32 位机器下，double 大小为 8，int 大小为 4。当实体的几何信息存储方式确定了以后，就不能再做其他的修改；如果获取到的不是需要存储的信息，需要对几何信息做相应的转换，转换为这里的实体几何存储结构。例如，对于一个圆可能得到的是三个点的坐标，应当转为圆在实体 BLOB 中字段存储的圆心+半径结构。这里的空间实体是可拓展的，用户可以根据自己的需求和现实情况不断地构造出新的实体。

表 6.1　　　　　　　　　　**三维实体在 BLOB 中存储结构表**

类型	存储说明	备注
点实体 （DOT）	点实体在 BLOB 中只存储它的坐标值，即将实体的 (x, y, z) 依次写入 GeoData 中，Size $= 8\times3$	多点集合需要存储点数+各点坐标
直线实体 （Line）	直线实体只存两个坐标值，将 (x_1, y_1, z_1) 和 (x_2, y_2, z_2) 依次写入 GeoData 中，Size $= 2\times(8\times3)$	
折线实体 （Fold Line）	折线实体的点数不确定，存储点数和坐标序列到 GeoData 中，Size $= 4+N\times(3\times8)$；	曲线（张力样条曲线）存储的方式和折线类似
多边形实体 （Polygon）	多边形实体和折线基本一致：存储点数+坐标序列，Size $= 4+N\times(3\times8)$	
面实体 （Area）	面实体用多重多边形表示，即由一个外多边形和多个内多边形组成。在存储的时候，需要存储的信息有：多边形个数+第一个多边形坐标个数+第一个多边形坐标序列+…+第 n 个多边形坐标个数+第 n 个多边形坐标序列，Size $= 4+4\times N+(N_1+N_2+\cdots+N_n)\times3\times8$	注意：存储的时候必须将第一个多边形存为外多边形，否则会带来不可预想的后果
节点实体 （Node）	节点实体的几何数据存储与点实体（Dot）一致	
弧段实体 （Arc）	弧段实体几何数据存储和折线实体（Fold Line）一致	
面实体 （Area）	面实体几何数据存储和面实体（Area）一致	…
自定义实体 （User_Feature）	…	…

6.4　系统的数据流程设计

三维非层状矿体建模可视化系统是北京大学-北京龙软科技发展有限公司数字矿山联合实验室自主开发的一套面向非层状矿床的地测管理信息系统平台的一个子系统，如图 6.8 所示。该子系统采用 SVA 混合数据模型建立三维非层状矿体模型，对矿体内部属性和外部属性的分析具有明显的优势。目前，该子系统提供给用户的三维可视化建模功能包括钻孔数据建模、非层状矿体表面建模、内部块段插值建模、储量计算、矿体数据模型编码压缩存储等功能。

整个系统建模过程，数据流程如图 6.8 中的箭头线所示，整个非层状矿床地测空间管理信息系统数据通过在北京龙软科技发展有限公司产品 LRGIS 中的地质测量数据库管理系统中输入、编辑、管理、提取，可以为矿体三维建模作贡献的是勘探线数据、钻孔坐标数据、测斜数据、钻孔样品数据等。其中，勘探线数据、钻孔坐标数据、测斜数据都首先从地质测量数据库管理子系统中提取出来，传到 LRGIS 图形管理信息系统，自动绘制勘探线剖面图和勘探线平面图，然后可以从中提取勘探线剖面轮廓线和平面轮廓线，传入到三维矿体建模可视化系统来建立非层状矿体表面模型。其中，钻孔样品点数据直接被提取出来用于三维非层状矿体内部块段数据插值建模，然后建立一体化矿体模型，进而进行储量计算。模型建立好以后，数据压缩功能对其进行数据压缩存储。这样，形成了数据流"采集数据→数据管理→二维绘图→建立三维矿体模型→储量计算→数据压缩"和数据流"采集数据→数据管理→二维绘图→建立三维矿体模型→地质平面图→采矿设计"，改变了原来的"原始数据→地质剖面图→地质平面图→采矿设计"的数据流程，现有的数据流程真正做到了"探采结合"、"动态修正"。数据在系统间相互交流，实现了系统的相互修正和更新。

开发环境方面，在服务器端，采用 Microsoft SQL Server 2000 管理地质数据库和测量数据库。在客户端，采用 Powbuilder 9.0 开发地测数据库管理系统子模块；用 Microsoft Visual C++ 6.0 开发二维地测图形子模块；用 Microsoft Visual C++ 6.0 和 OpenGL 图形库开发地测三维建模可视化软件。系统总体功能模块如图 6.9 所示。

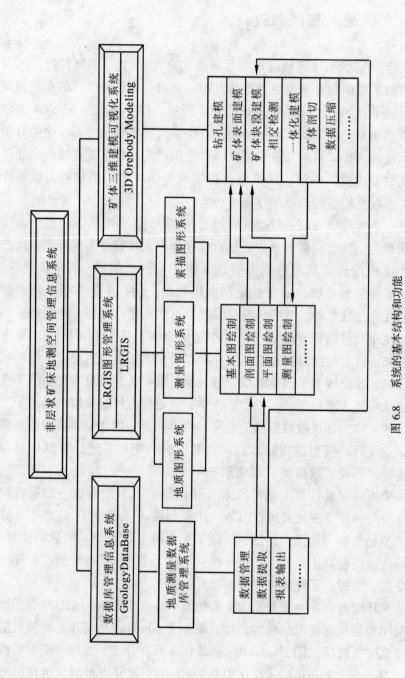

图 6.8　系统的基本结构和功能

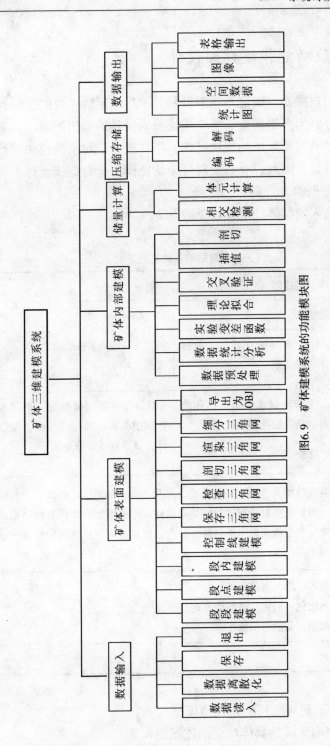

图6.9　矿体建模系统的功能模块图

157

6.5 系统功能模块详细设计

　　根据用户需要，确定系统要做哪些工作，形成系统的逻辑模型，然后将系统分解为多组模块，各个模块分别满足所提出的需求。系统的总体设计已经确定了系统的模块结构，需要进一步对系统模块进行具体实现方案的设计，因此，有必要对每个功能模块进行详细设计。

　　（1）数据输入

　　数据输入的具体功能描述见表6.2。

表6.2　　　　　　　　　　　　　数据输入功能描述

系统名：矿体三维建模	
模块名：数据输入	日　期：
由下列模块调用：矿体表面建模、数据离散化、矿体块段建模	调用下列模块：外部模块
输入：地质、生产勘探线数据，钻孔坐标数据，测斜数据，钻孔样品数据	输出：勘探线剖面数据，不同水平平面数据图等各种数据相应图，离散点的文件，离散点三维分布图
处理内容：判断数据文件格式是否正确，如果正确，导入 cad 格式或者龙软软件数据格式文件。对钻孔测斜数据进行样品点取样，再根据组合样品数据提取出空间数据点的属性来定义空间离散点的属性，钻孔数据就被处理成离散的具有一定属性值的空间点数据	
功能描述：导入：导入当前文件数据 　　　　　离散化：对钻孔测斜数据进行取样 　　　　　取消：取消当前操作	
内部数据元素：	备注：

　　（2）（平剖对应）矿体表面模型

　　矿体表面建模的具体功能描述见表6.3。

表 6.3   建立矿体表面模型功能描述

系统名：矿体三维建模

模块名：矿体表面建模	日　期：
由下列模块调用：平剖相交处理	调用下列模块：数据导入、数据读入
输入：勘探线剖面数据、不同水平平面数据	输出：矿体表面模型

处理内容：判断勘探线剖面数据是否有控制线，如果没有，采用最短对角线法进行段段建模；如果有控制线，提示选择用户人工输入控制线或者是采用不同水平的平面图建模后进行控制；如果存在尖灭点，要进行段点建模；如果要对某一条轮廓线封口，则采用段内建模，对于建立的三角网模型进行检查、保存、渲染、剖切、导出实体等操作

功能描述：段段建模：没有控制线，采用最短对角线法对平面轮廓线或者是剖面轮廓线进行建模

　　　　　段点建模：指剖面、平面轮廓线尖灭到点的情况下，对开口的模型进行封口处理

　　　　　段内建模：剖面或者平面轮廓线采用 Delaunary 三角网进行封闭

　　　　　控制线建模：用户交互添加控制线后进行的最短对角线建模和从二维图形系统中提取勘探线剖面图和平面图来自动在三维中进行互相控制，采用最短对角线法进行建模

　　　　　平剖相交处理：对于平剖面相互控制的模型进行相交处理，对相交外部分根据实际情况进行选择

　　　　　取消：取消当前操作

　　　　　保存三角网：将矿体三角网模型保存为 tri 和 pnt 文件

　　　　　检查三角网：选择法矢量向外的三角形，并按该三角形生成拓扑关系

　　　　　渲染三角网：计算三角网三角形顶点法矢量

　　　　　剖切三角网：弹出剖切对话框，设置剖切参数，剖切并计算剖切线。同剖切按钮功能

　　　　　细分三角网：对现有勘探线轮廓线上的顶点添加加密点

　　　　　导出为 OBJ：就是导出为实体模型

内部数据元素：	备注：

（3）矿体内部建模

①数据预处理：数据预处理具体功能见表 6.4。

表 6.4　　　　　　　　　　　**数据预处理功能描述**

系统名：矿体三维建模	
模块名：数据预处理	日　期：
由下列模块调用：数据统计分析	调用下列模块：数据读入、数据导入、数据离散化、加载三维点数据
输入：三维坐标点数据、离散点品位数据	输出：离散点个数、比例尺、坐标旋转角度、相应的点分布图
处理内容：如果输入的文件格式正确，读取文件中的数据，并对数据作相应的数据处理。如果输入的数据为地理坐标，则进行坐标转换，生成数据坐标，为后面进行各种距离运算提供数据。如果整体离散点和坐标北方向存在夹角，则进行夹角计算，并对整体坐标进行旋转，处理后的数据生成新的文件，并可以对处理后的数据进行图形显示	
功能描述：坐标变换：地理坐标、数学坐标、屏幕坐标的转换 　　　　　坐标旋转：计算出整体离散点和坐标北方向的夹角，并提示用户对坐标 　　　　　进行顺时针方向旋转还是逆时针方向旋转 　　　　　绘制：进行坐标处理前后的图形的绘制 　　　　　取消：取消当前窗口操作	
内部数据元素：角度、弧度、角度误限差、比例尺	备注：

②数据统计分析：数据统计分析具体功能见表 6.5。

表 6.5　　　　　　　　　　　**数据统计分析功能描述**

系统名：矿体三维建模	
模块名：数据统计分析	日　期：
由下列模块调用：计算实验变差函数	调用下列模块：数据读入、数据导入、数据离散化、加载三维点数据、数据处理

续表

输入：三维坐标点数据、离散点品位数据	输出：离散点个数、品位的最小值、品位的最大值、品位均值、品位方差、直方图最小值、区间间隔值、相应的点分布图、品位在直方图出现的频数

处理内容：如果输入的文件格式正确，读取文件中的数据，并且首先采用相对变差函数法的 PRV 方法对数据进行特异值处理，然后进行相应的统计分析，分析后的结果输出

功能描述：特异值处理：首先对输入的数据进行特异值判断，然后进行特异值处理，使得采用的数据更加合理化
　　　　　直方图：根据统计进行直方图的绘制，以及相应统计数据的输出
　　　　　取消：取消当前窗口操作

内部数据元素：直方图的区间数	备注：

③实验变差函数：实验变差函数具体功能见表6.6。

表6.6　　　　　　　　　　　**实验变差函数功能描述**

系统名：矿体三维建模	
模块名：实验变差函数	日　期：
由下列模块调用：理论变差函数拟合	调用下列模块：数据处理、数据统计分析
输入：经过数据统计分析之后的文件，指定方向的基本滞后距	输出：指定方向的数据对个数，实验变差函数值

处理内容：如果输入的文件格式正确，读取文件中的数据，对文件中的数据进行方向距离误差限判断，如果距离或者角度超限，去掉数据，根据选择好的数据以及指定方向的基本滞后距进行变差函数处理，计算实验变差函数值

功能描述：确定：统计数据对个数，计算实验变差函数值
　　　　　取消：取消当前窗口操作

内部数据元素：是否采用距离加权平均指示变量	备注：

161

④理论拟合：也就是理论变差函数拟合，具体功能见表 6.7。

表 6.7 　　　　　　　　　　**理论变差函数拟合功能描述**

系统名：矿体三维建模

模块名：理论变差函数拟合	日　期：
由下列模块调用：交叉验证	调用下列模块：数据处理、数据统计分析、实验变差函数
输入：实验变差函数值计算得到的文件，包括基本滞后距，数据对数以及实验变差函数值	输出：指定方向实验变差函数参数，a、块金 C_0、基台值 $C+C_0$、变差函数拟合曲线图

处理内容：求出其变程 a，块金值 C_0，拱高 C，并且绘出理论实验变差函数图，拟合方法采用加权多项式的方法和直接拟合法，每次拟合的方法都可以在屏幕上绘出变差函数散点图和理论变差函数图，用户可以根据理论变差函数曲线的拟合情况，反复修改理论变差函数的参数，直到得到理想的理论变差函数曲线

功能描述：拟合：根据屏幕显示的拟合变差函数曲线提示采用直接法还是加权回归法求参数，然后拟合

　　　　　重新拟合：根据屏幕显示的实验变差函数曲线，如果实验变差函数曲线极不规则，以致不能用直接法或者加权法进行拟合，则采用重新拟合，根据窗口提示输入要修改的参数，重新拟合

　　　　　取消：取消当前窗口操作

内部数据元素：	备注：

⑤交叉验证：交叉验证具体功能见表 6.8。

表 6.8 　　　　　　　　　　　　**交 叉 验 证**

系统名：矿体三维建模

模块名：交叉验证	日　期：
由下列模块调用：克里格插值	调用下列模块：理论实验变差函数拟合
输入：三维离散点数据，指定方向的变差函数参数	输出：交叉验证统计表包括每个离散点的观测品位和估计品位的比对、偏差、估计方差以及偏差的最大值和最小值、偏差均值、偏差方差、交叉验证直方图

处理内容：根据交叉验证的原理用普通克里格对观测点上的数据进行估值，并计算出偏差（估计值和观测值之差）的平均值和方差，绘制偏差直方图。首先进行结构套合，从三个方向比较找出最小的一个，利用比例系数来得到结构套合后的距离，再进行计算，得到协方差函数值；然后计算点克里格方程组，计算出权值，再进行点克里格估值，对离散点进行克里格估值，计算出估计值和观测值的克里格方差；最后进行偏差值的统计，计算出偏差、平均值和方差

功能描述：结构套合：根据拟合变差函数得到的变差参数计算指定方向上变程的比例系数，结构套合后的公式以及协方差函数值等

            偏差统计：计算观测品位和估计品位之间的偏差、均值以及方差等

            取消：取消当前窗口操作

内部数据元素：点估值时每个象限等份数，两点各向同性距离	备注：

⑥块段插值：块段插值具体功能见表6.9。

表6.9   **块段插值功能描述**

系统名：矿体三维建模	
模块名：块段插值	日 期：
由下列模块调用：矿体内部建模	调用下列模块：理论实验变差函数拟合、交叉验证
输入：三维离散点数据，指定方向的变差函数参数，待估块段指定方向边长，待估块段 x、y、z 三方向的左下角坐标	输出：待估块段的有关数据，包括体积、估值、方差、x、y、z 三方向的边长、信息样品值及权系数、位置图

处理内容：主要对三维区域化变量在某个待估块段上进行克里格估值，待估块段大小由用户从键盘输入，在屏幕窗口给出待估块段的位置，并在图上标出参与估值的信息样品点的位置，输出待估块段位置，利用距离反比幂次法、三维普通克里格插值法等功能来实现矿体块段品位数据的插值。对于品位分布均匀、矿体形状简单的矿床采用距离反比幂次法，而对于品位分布不均匀，形状复杂的矿体则采用普通克里格法进行插值。需计算出克里格估计值、克里格估计方差以及估值点的钻孔序号，估值系数，信息样品点的值

续表

功能描述：距离反比幂次法：采用距离反比插值法来对品位进行插值	
克里格插值：采用三维普通克里格插值方法对品位进行插值	
取消：取消当前窗口操作	
内部数据元素：距离待估块段中心最近的 N 个点的 X，Y，Z	备注：

（4）矿体储量计算

①相交检测：相交检测具体功能见表 6.10。

表 6.10　　　　　　　　　　　　相交检测功能描述

系统名：矿体三维建模	
模块名：相交检测	日　　期：
由下列模块调用：储量计算	调用下列模块：矿体表面建模、矿体内部建模
输入：矿体边界模型数据 　　　矿体插值后的块段模型数据	输出：规则体元个数、规则体元指定方向上边长、不规则体元个数

处理内容：采用包围盒方法对矿体表面模型和内部插值模型作粗略相交检测，可以剔除掉大部分与矿体边界没有关系的块段，但是这只是一个粗略的检测，还仍然会有一部分与矿体没有关系的块段不能被剔除掉。所以，利用叉积法进行表面体元和内部块段的精确判断。最后，对矿体内体元和矿体外体元再进行判断。这样，体元模型就被分成三部分，矿体内部体元、矿体外部体元（不参与体积计算），矿体边界体元

功能描述：粗略检测：对矿体块段模型和矿体表面模型利用包围盒进行粗略检测	
精确检测：利用叉积法进行矿体内部块段模型和矿体表面模型的精确相交检测	
体元个数计算：判断体元属性是属于内部体元、边界体元还是外部体元	
内部数据元素：	备注：

②体元计算：体元计算的具体功能见表 6.11。

表 6.11 　　　　　　　　　　体元计算功能描述

系统名：矿体三维建模	
模块名：体元计算	日　期：
由下列模块调用：	调用下列模块：矿体表面建模、矿体内部建模、相交检测
输入：相交检测结果	输出：矿体储量

处理内容：对相交检测的结果中得到的规则体元的体积采用长×宽×高的方法进行体积计算，对于不规则体元利用 ARTP 体元剖分不规则体元进行剖分处理，采用 ARTP 体元计算方法和四面体计算方法进行计算

功能描述：ARTP 剖分：将矿体模型的边界块段体元模型剖分成两个或者两个以上的邻接但不交叉的 ARTP 体元的集合，以便进行储量计算
　　　　　储量计算：统计规则体元和不规则体元的体积，并计算其储量
　　　　　取消：取消当前操作

内部数据元素：	备注：

（5）矿体压缩存储

矿体压缩存储具体功能见表 6.12。

表 6.12 　　　　　　　　　　矿体压缩存储功能描述

系统名：矿体三维建模	
模块名：矿体压缩存储	日　期：
由下列模块调用：	调用下列模块：相交检测
输入：相交检测结果	输出：压缩存储后文件

处理内容：对相交检测的结果中得到的体元采用十进制编码方法进行压缩和解码处理，对于规则的体元采用改进后的十进制编码方法进行压缩存储

功能描述：编码：对相交检测的矿体模型进行压缩存储
　　　　　解码：对压缩后的矿体模型进行解码
　　　　　取消：取消当前操作

内部数据元素：	备注：

（6）数据输出

数据输出的具体功能见表6.13。

表6.13 **数据输出功能描述**

系统名：矿体三维建模	
模块名：数据输出	日　期：
由下列模块调用：矿体表面建模、数据离散化、矿体块段建模、数据压缩	调用下列模块：
输入：经过处理后的数据	输出：各种矢量图、栅格图、统计图、表格等
处理内容：判断数据文件格式是否正确，如果正确，按照制定的格式进行数据输出	
功能描述：输出：输出当前数据 　　　　　取消：取消当前操作	
内部数据元素：	备注：

6.6 地质数据库特点

数据库是按照一定的结构存储于计算机系统中的关系表的集合，作为整个系统的数据源。地质数据库的组织和管理是矿体建模系统的核心问题之一，它直接影响工作效率和用户的使用。由于地质资料信息自身的特点，决定了地质资料数据库既要遵循和应用通用数据库原理和方法，又要考虑自身的特点，采取特殊的技术和方法。为此，先分析一下地质数据库的特点：

①数据库的复杂性。地质数据库比常规数据库复杂得多，其复杂性首先反映在地质数据种类繁多。从数据类型看，不仅有空间位置数据，而且这些空间位置数据具有拓扑关系，还有属性数据，不同的数据差异较大，表达方式各异，但又紧密联系；从数据结构看，既有矢量数据，又有离散点数据，它们的描述方法又各不相同。地质数据库中数据的复杂性还表现在数据之间关系的复杂性上，即在地质数据库中空间位置数据和属性数据之间既相对独立又密切相关，不可分割。这样，给地质资

料数据库的建立和管理都增加了难度。

②数据库处理的多样性。常规关系数据库，其处理功能主要是查询检索和统计分析，处理结构的表示以表格形式及部分统计图为主，而在地质资料数据库系统中，其查询检索必须同时涉及属性数据和空间位置数据。更主要的是当利用空间数据和属性数据进行查询、检索和统计时，常引入一些算法和模型，这已超出了传统数据库查询的概念。

③数据量大。地质资料系统中所描述的各种地质要素，尤其是空间位置数据，数据量往往很大，加上空间数据记录长度的多变性，为了高效地进行数据储存和运算，必须选择合理的算法和数据结构及编码方法，以提高数据库的工作效率。

6.7 地质数据库表结构设计

地质数据库中表结构的设计是本系统关键部分之一。涉及的表主要包括勘探线属性特征表、地质勘探线钻孔数据表、生产勘探线钻孔数据表、钻孔测斜数据表、钻孔样品数据结构表、钻孔样品数据表、测量导线成果表，等等。

（1）勘探线属性特征表

勘探线属性特征表主要包括勘探线代码、勘探线类型、勘探线名称、勘探线描述等字段，各字段的属性见表6.14。

表6.14　　　　　　　　　　　　　勘探线属性特征表

字段名称	Explorationline_id	Explorationline_type	Explorationline_name	Description
数据类型	Text	Text	Text	Text
字段大小	10	10	10	10
备注	勘探线代码	勘探线类型	勘探线名称	勘探线描述

（2）地质勘探线钻孔数据表

地质勘探线钻孔数据表主要包括勘探线代码、分区名称、钻孔名称、钻孔类别、开孔角、方位角、倾斜角和测斜深度等字段的属性，见表6.15。

表 6.15   地质勘探线钻孔数据表

字段名称	数据类型	字段大小	备注
Explorationline_ id	Text	10	勘探线代码
Area_ Num	Text	10	分区名称
Drillhole_ Name	Text	10	钻孔名称
Drillhole_ Type	Text	10	钻孔类别
Drillhole_ TopAngle	Text	10	开孔角
Drillhole_ Azimuth	Text	10	方位角
Drillhole_ Angle	Text	10	倾斜角
Drillhole_ Depth	Float	10	测斜深度
DrillholeBCoorX	Float	10	孔口 X 坐标
DrillholeBCoorY	Float	10	孔口 Y 坐标
DrillholeBCoorZ	Float	10	孔口 Z 坐标

（3）生产勘探线钻孔数据表

生产勘探线钻孔数据表主要包括勘探线代码、采区名称、钻孔名称、钻孔仰俯角、钻孔最大深度、方位角等字段的属性，见表 6.16。

表 6.16   生产勘探线钻孔数据表

字段名称	数据类型	字段大小	备注
Explorationline_ id	Text	10	勘探线代码
MineArea_ Name	Text	10	采区名称
Drillhole_ Name	Text	10	钻孔名称
Drillhole_ Angle	Text	10	钻孔仰俯角
Drillhole_ Depth	Float	10	钻孔最大深度
Drillhole_ Azimuth	Float	10	方位角
DrillholeBCoorX	Float	10	孔口 X 坐标
DrillholeBCoorY	Float	10	孔口 Y 坐标
DrillholeBCoorZ	Float	10	孔口 Z 坐标

（4）钻孔测斜数据表

钻孔测斜数据表主要包括钻孔编号、该段序号、该段长度、方位角、倾斜角、岩性等字段的属性，见表6.17。

表 6.17　　　　　　　　　　　钻孔测斜数据表

字段名称	数据类型	字段大小	备注
Drillhole_id	Int	10	钻孔编号
SectNuml	Int	10	该段序号
SectLength	Float	10	该段长度
DrillholeSect_Azimuth	Text	10	方位角
DrillholeSect_Angle	Text	10	倾斜角
RockAttri	Text	10	岩性

（5）钻孔样品数据表

钻孔样品数据表主要包括勘探线代码、钻孔名称、矿体编号、岩石类型、样品编号、样品的 X 坐标、样品的 Y 坐标、样自、样至、岩性编号等字段，见表6.18。

表 6.18　　　　　　　　　　　钻孔样品数据表

字段名称	数据类型	字段大小	备注
Explorationline_id	Text	10	勘探线代码
Drillhole_Name	Text	10	钻孔名称
OreBody_id	Text	10	矿体编号
Rock_id	Text	10	岩石类型
Sample_id	Text	10	样品编号
SampleCoorX	Float	10	样品的 X 坐标
SampleCoorY	Float	10	样品的 Y 坐标
SampleCoorZFrom	Float	10	样自
SampleCoorZTo	Float	10	样至
RockAttri_id	Text	10	岩性编号
RockGrade	Float	10	品位

（6）测量导线成果表

测量导线成果表主要包括采区名称、水平名称、工作面名称、巷道名称、点号、坐标 X、坐标 Y、顶底板高程等字段的属性，见表6.19。

表 6.19　　　　　　　　　　导线测量成果表

字段名称	数据类型	字段大小	备注
MineArea_ Num	Text	10	采区名称
Level_ Name	Text	10	水平名称
WorkingFace_ Name	Text	10	工作面名称
LaneWay_ Name	Text	10	巷道名称
Point_ id	Int	10	点号
PointCoorX	Float	10	坐标 X
PointCoorY	Float	10	坐标 Y
PointCoorTopZ	Float	10	顶板高程
PointCoorBottomZ	Float	10	底板高程
LeftDis	Float	10	左帮距离
RightDis	Float	10	右帮距离

6.8　系统功能模块设计

整个非层状矿床地测管理信息系统主要包括空间数据库地测数据管理子系统、二维图形子系统、矿体三维建模可视化系统。

6.8.1　空间数据库地测数据管理子系统

空间数据库地测数据管理子系统包括数据管理、数据提取、报表输出等功能模块。

①地质勘探线数据管理。地质勘探线数据管理包括地质勘探线录入、保存、查询和编辑，地质勘探钻孔的基本数据、钻孔地层资料、测斜资料、水文资料等录入、保存查询和编辑等。地质勘探线数据管理界面如图6.10所示。

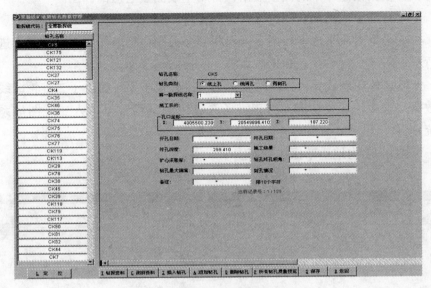

图 6.10   地质勘探线数据管理界面

②生产勘探线数据管理。生产勘探线数据管理包括生产勘探线数据录入、保存、查询和编辑，生产勘探钻孔的基本数据、钻孔揭露数据等录入、保存、查询和编辑。

③剖面数据提取功能。剖面数据提取功能包括地质勘探线剖面、生产勘探线剖面数据和导线点数据提取功能。

④报表输出功能。报表输出功能包括生产钻孔数据和钻孔质量的报表打印。

6.8.2   二维图形子系统

二维图形子系统包括基本绘图、剖面绘图、平面绘图和测量图绘制等功能模块。下面主要介绍勘探线剖面图绘制和平面图绘制功能。

（1）剖面图绘制功能

①读取剖面数据功能。该功能能够根据从数据库中提取钻孔数据和井巷见矿点数据，自动绘制投影后的网格线、钻孔和见矿点。

②交互绘制矿体轮廓线。该功能提供了样条曲线，使得用户能够交互圈定矿体轮廓线。

③根据数据库中的测量数据，自动生成测量巷道剖面图。

④自动生成图框、图例等，自动标注。

⑤平剖对应生成平面图。读入相邻平面图，将取样点在平面图上进行平剖对应，将钻孔点和见矿点都一一投影到平面图上。

⑥矿体轮廓线导入导出功能。为三维建模子系统提供了二维轮廓线数据。读入轮廓线功能，将三维子系统中的剖切数据读入二维图形系统。

图 6.11 为地质勘探线剖面图。

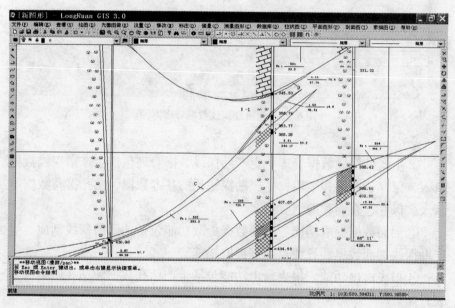

图 6.11　地质勘探线剖面图

（2）平面图绘制功能

①自动填绘巷道。从数据库中提取测量数据，自动生成测量巷道图。

②平面图数据传到剖面图。将断层、巷道、矿体轮廓线等数据全部传到剖面图上，然后根据平面图实际位置修改剖面图。

③自动计算储量和面积。

④生成三维巷道。

⑤根据原始数据自动生成水文相关曲线图。

⑥从数据库中读取钻孔数据，生成地质勘探孔和生产勘探孔的单孔柱状图。

图6.12为采掘工程平面图。

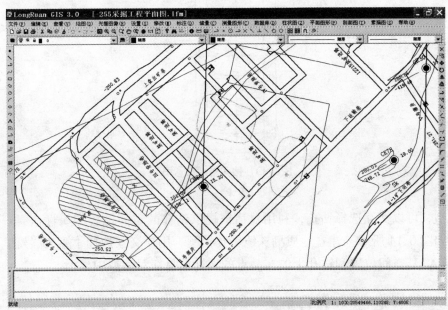

图6.12 采掘工程平面图

6.8.3 矿体三维建模可视化系统

①钻孔建模功能。钻孔是地质建模的基础数据，也是地层进行插值运算的源数据。钻孔数据的好坏直接决定了地质建模的精度。原始钻孔数据存储在地质数据库中，保存钻孔编号、地层名称以及地层中钻孔点的坐标。钻孔建模比较简单。简单的钻孔可以采用线性结构表达，中间点是钻孔在地层中采样数据点，起点和终点分别对应钻孔的孔口位置和终孔位置。复杂的钻孔可采用直径较小的圆柱体集合表示，每个子圆柱体表示巷道在某个地层中的真实形态，图6.13所示钻孔数据存储在地质数据库地层中，存在地质数据库口，可直接读取钻孔数据。

从可视化的角度来看，用圆柱体表达的钻孔视觉效果更好，也更形象。而且钻孔不同的层位采用相应的纹理贴图，圆柱体首尾相连，显示真实性钻孔，对于地层信息也有更直观的了解。系统自动生成钻孔模

173

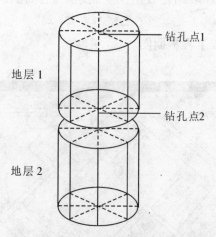

图 6.13　钻孔格网示意图

型，可以交互选择钻孔，利用对话框提供钻孔的空间位置和属性信息。如图 6.14 所示，建立地质勘探线钻孔模型，用户交互选择了第 80 号钻孔，其空间位置和钻孔上的样品点的属性信息在对话框中显示。

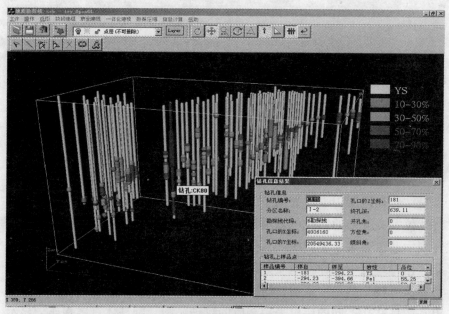

图 6.14　钻孔建模和信息查询界面

②矿体表面建模功能。提供交互建模工具，可进行段段建模、控制线建模、段点建模和段内建模 4 种建模方式，图 6.15 为矿体表面模型。

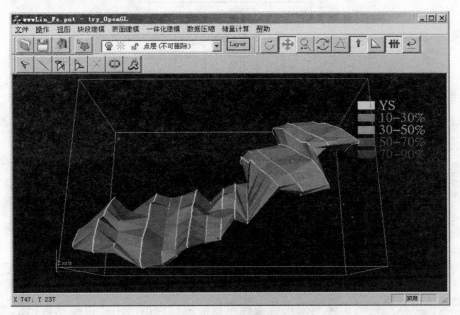

图 6.15　矿体表面模型

③矿体块段建模功能。提供建立离散点模型、求取实验变差函数、变差函数拟合、交叉验证、空块段模型、块段插值等功能，矿体块段品位插值步骤如图 6.16 所示：

a. 数据预处理功能。对空间数据进行预处理，包括空间数据检查、对数变换、标准化变换等。

b. 数据统计分析功能。对空间数据进行基本的统计分析，包括空间数据的统计特征（如均值、方差、空间相关性等）、直方图分析、特异值分析等。

c. 空间变异性分析功能。利用空间变异性函数对空间数据的变异性进行分析并建立相应的数学模型，包括空间变异函数计算、多方向变异函数图、单方向变异函数拟合、模型拟合和检验等。其中，模型拟合包括直接法拟合和多项回归法拟合，检验采用交叉验证法对拟合方法进

175

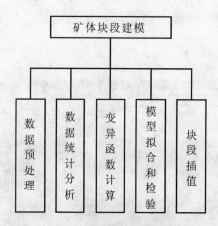

图 6.16 矿体块段品位插值步骤

行验证。

d. 块段插值功能。该功能包括利用距离反比幂次法、三维普通克里格插值法等功能来实现矿体块段品位数据的插值。对于品位分布均匀、矿体形状简单的矿床采用距离反比幂次法，而对于品位分布不均匀，形状复杂的矿体则采用普通克里格法进行插值。用户可根据自己的需要选择不同的方法，形成矿体块段品位数据模型。

④巷道建模功能。自动生成巷道模型。

⑤矿体剖切功能。提供对矿体模型进行水平剖切、垂直剖切和任意角度的剖切等功能。

⑥查询属性功能。查询轮廓线属性、钻孔属性、块段属性等。

⑦一体化建模功能。也就是矿体表面模型和矿体块段模型相交检测以后得到一体化矿体模型。

⑧数据压缩功能。提供对矿体模型进行编码、压缩编码、合并存储等功能。

⑨体积和储量计算。统计矿体模型中规则块段和不规则块段的个数，其中包括不规则块段中含有 ARTP 体元的个数，然后计算体积和储量。

⑩距离量测。系统同时提供了 Morton 编码功能、矿体模型扩展八叉树合并等功能来对矿体模型进行压缩存储，如图 6.17 所示。

176

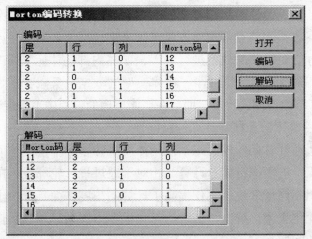

图 6.17　矿体数据编码和解码对话框

6.9　系统的特点

（1）对传统的工作流程进行了改进

整个系统的操作流程保持了国内用户所熟悉的传统工作方法，即从剖面图开始工作。保留了传统的"原始数据→地质剖面图→地质平面图→采矿设计"的工作流程，同时也提供了"原始数据→地质剖面图→三维矿体模型→地质平面图→采矿设计"的新工作流程。

（2）建立矿体模型的通用性

系统根据地质平面、剖面轮廓线进行相互控制，建立矿体的表面模型。在建模时，考虑了分支情况、尖灭点和尖灭线等特殊情况。利用规则块段插值的方法建立了非层状矿体内部模型，利用不规则块段来表示矿体边界体元，并且实现了对整个矿体模型进行平面、剖面和任意角度的剖切，在二维图形中绘制预想剖面图和预想平面图。与国内有关研究中利用实体建模相比，本研究增加了矿体内部信息，适用于各类复杂的非层状矿体结构。

（3）矿体模型存储的高效性

建模完成以后，通过两种途径来对矿体模型进行压缩存储，第一是采用扩展八叉树数据结构对模型进行存储：表面节点如果是顶点节点，则通过点的三维坐标来存储，同时记录组成这个顶点的三个面的方程系数；边节点采用边的两个端点坐标来存储，同时记录组成这个边的两个面方程的系数；面节点采用面方程系数来进行存储。第二是采用改进的数据编码方法对模型的块段进行编码，矿体内部的体元采用改进的十进制 Morton 编码来存储，既减少了矿体模型的数据量又减少了数据的信息量，达到了节约空间的目的，而且在矿体重构的过程中不出现数据丢失。

（4）模型体积和储量计算的精确性

系统通过计算矿体内部每个规则体元矿体边界不规则体元的和来计算矿体体积，进而进行储量计算，相对于通过计算轮廓线，用断面法计算矿体体积和储量来说，不仅提高了计算的精度，而且分析了矿体的复杂结构和变化规律，解决了传统的矿化模型中图形显示和品位、储量计算相分离的问题。

6.10　系统在某铁矿的应用

6.10.1　矿体的赋存情况

铁矿西部一采区（Ⅰ-2 矿体）范围在原地质勘探线 8-10 线，勘探间距 50×50m，资源可靠程度为控制的（储量级别 B 级），勘探线方向与矿体走向不垂直。矿体类型为碳酸岩型磁铁矿和矽卡岩磁铁矿，灰黑色，块状构造。矿化带走向长 210m，水平最大厚度 120m，一般为 10～120m，形态囊状，走向 NE～SW，倾向 NW～SE，倾角 0°～90°，局部出现反倾斜，上盘矿体倾角大，下盘矿体倾角变化大。中部采区（Ⅱ-1 矿体）范围在原地质勘探线 5-7 线，勘探间距 100×100m，资源可靠程度为控制的（储量级别 B 级），勘探线方向与矿体走向不垂直。矿体形态变化复杂。矿体下盘产状变化较大。

矿体特征：矿石比重：3.80t/m³；矿石硬度：f=4～6；矿体平均地质品位：TFe 50.9%，Co 0.021%。

6.10.2　矿体模型的建立

（1）提取矿体轮廓线

从生产或者地质勘探线剖面图上对见矿点的边界数据进行矿体边界

圈定提取，如图 6.18 所示，在某铁矿中，矿体形态比较复杂，呈囊状，在西部有分支。勘探线方位角为 136°，共有 15 条地质勘探线，在 -10 勘探线处有分支出现，如图 6.19 所示。

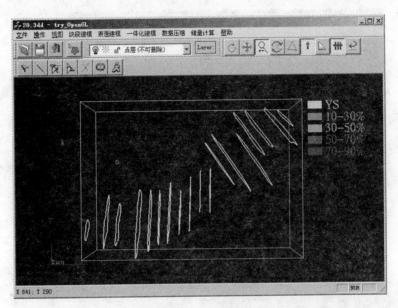

图 6.18　矿体轮廓线

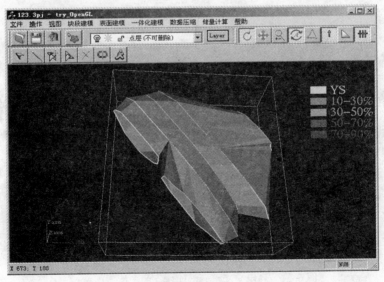

图 6.19　具有分支状况矿体举例

（2）交叉平、剖面建立控制线来建立矿体表面模型

交叉平、剖面建立矿体模型原理在第 4 章已经详细介绍，其约束原理如图 6.20 所示，对此矿山建立的矿体表面模型如图 6.21 所示。

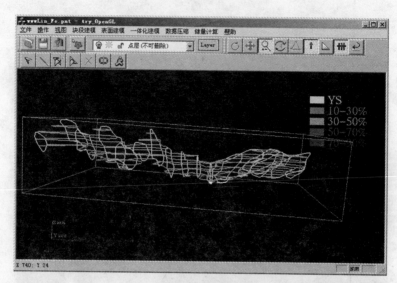

图 6.20 用平面来控制剖面

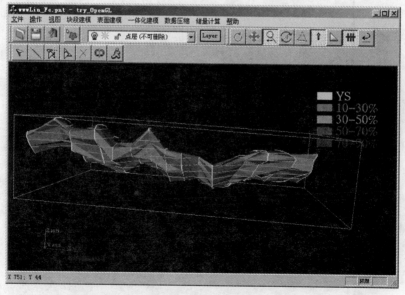

图 6.21 利用交叉平、剖面建立的矿体表面模型

系统提供了段段建模、控制线建模、段点建模和段内建模等功能，能够针对复杂形态矿体建立矿体表面模型。段段建模是指没有控制线，采用最短对角线法进行建模。控制线建模是指用户交互添加控制线后进行的最短对角线建模。交叉平、剖面建立矿体表面模型是从二维图形系统中提取勘探线剖面图和平面图来自动在三维中进行互相控制，采用最短对角线法进行建模。段点建模是指轮廓线尖灭到点的情况下，对开口的模型进行封口处理。段内建模是将轮廓线采用 Delaunary 三角网进行封闭。

（3）块段插值建模

系统提供提取钻孔见矿点的离散数据、对矿体内部结构进行变差函数分析、结构套合、空块段建模、块段插值建模、对矿体进行剖切和透明开关等操作，对铁矿的数据进行分析，计算其实验变差函数，得到在 X、Y 方向上分别为相差 80m 的离散点的品位。在 Z 方向上搜索相差为 30m 的离散点的品位，根据在 X、Y、Z 三个方向上离散点的品位和相距给定距离的数据对数（结果如图 6.22 所示），通过得到的数据建立三个方向的实验变差函数图，其中 X、Y、Z 三个方向上的变程、块金效应和拱高都利用直接法拟合球状模型得出，经过交叉验证，模型符合要求，如图 6.23 所示。

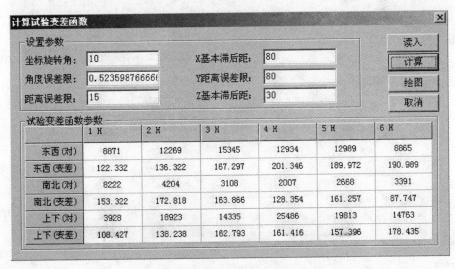

图 6.22 空间离散点品位变异性结果

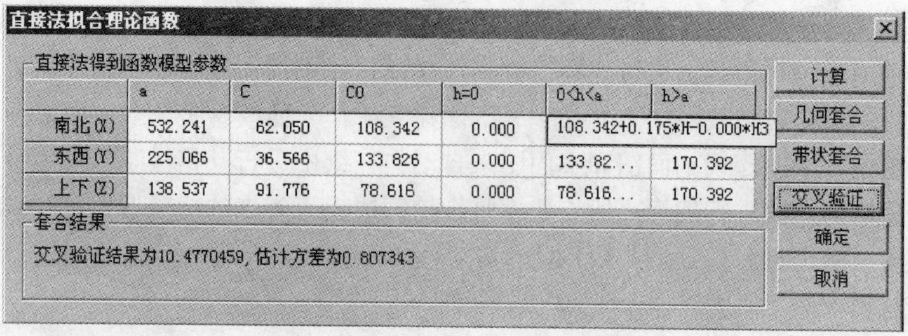

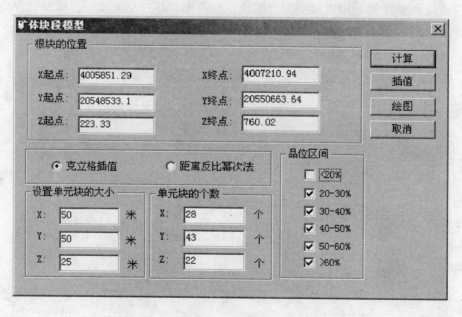

图 6.23　直接法拟合球状模型对话框

矿体的块段建模，整个研究矿体区域东西长约 1 400m，南北区域约 2 200m，厚度 600m，这样研究对象就为 1 400m×2 200m×600m，被划分成 26 488 个块段，利用三维克里格方法进行插值，如图 6.24 所示，得到块段模型，系统提供了对每个块段属性进行查询的功能，如图 6.25 所示。

图 6.24　矿体块段模型插值对话框

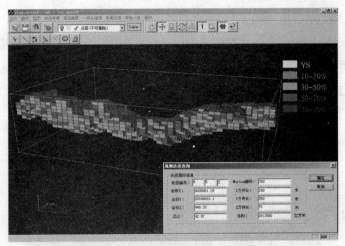

图 6.25 矿体块段模型和信息查询界面

（4）矿体的一体化模型

利用 SVA 进行一体化建模，得到如图 6.26 所示的三维可视化矿体整体图，不仅能显示整个矿体的空间形态，还能反映矿体内各个部分空间品位的分布。通过设置颜色、材质、光照等参数，系统可显示出矿体外壳和内部的块段；通过设置透明度虚化外壳，系统清晰地显示出矿体

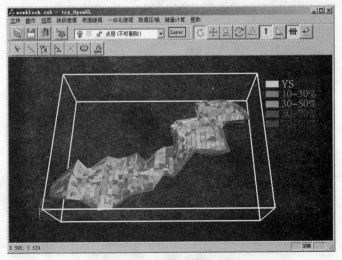

图 6.26 整体矿体模型图

183

内部不同矿块的品位。

（5）矿体数据压缩

建立矿体整体模型之后，利用多分辨率扩展八叉树数据结构对矿体模型进行合并，然后利用改进的十进制 Morton 编码方法进行编码，编码完成之后对矿体模型进行数据压缩。对矿体的整体模型进行数据压缩前后得到的效果如图 6.27（a）和图 6.27（b）所示。

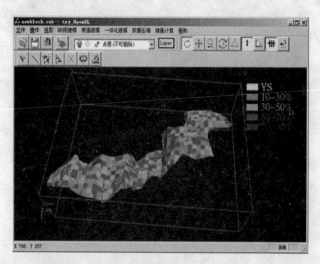

（a）数据压缩前矿体模型图

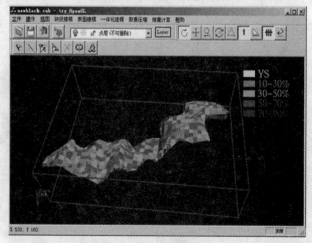

（b）数据压缩后矿体模型图

图 6.27　矿体数据模型压缩结果

6.10.3　模型体积和储量计算

由于整个矿体被分为不规则块段和规则块段，系统可以统计规则块段和不规则块段的个数，分别对每个块段的体积进行计算，进而对整个矿体的体积和储量进行计算，如图6.28所示。

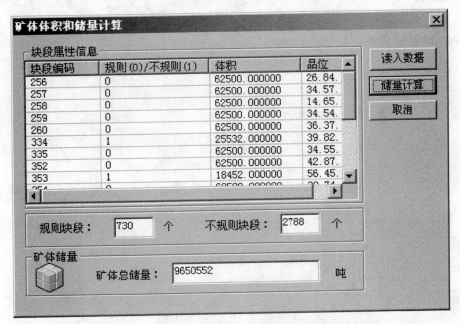

图6.28　矿体体积和储量计算

目前，非层状矿床空间管理信息系统已经投入某铁矿的日常生产中，使用效果较好。该系统彻底改变了传统手工制图的工作模式，极大地减轻了地质、测量和采矿设计人员的工作量，能够在短时间内生成地质剖面图、采掘工程平面图、单孔柱状图、水文曲线图等各类图形，建立真三维矿体模型并对模型进行切割，生成预想剖面和平面，并且进行相应的储量计算，在此基础上，采矿设计人员可以方便地进行采准设计和爆破设计。该系统是具有我国自主知识产权的、面向非层状矿床的专业应用系统，具有很好的产业化应用前景。

6.11　本章小结

本章简要介绍了非层状矿床地测空间管理信息系统的总体设计思想、地质数据库特点、地质数据库表结构的设计和系统主要模块功能，重点介绍了三维非层状矿体建模原型系统在某铁矿的应用情况，从而验证了前面章节所研究理论和方法的正确性、可行性和有效性。当然，目前的研究成果还只是阶段性的，今后将对其继续改进和发展。

参 考 文 献

[1] Ahuja N, Nash C. Octree Representations of Moving Objects[C]. Computer Vision, Graphics and Image Processing, 1984.

[2] Andrew Cardno, Kelly Buchanan, Dr Pete Frizzell. Using Middleware to Provide Geographic Information Systems (GIS) Based on Relational Databasest[C]. In The Second Annual Conference of GeoComputation 97 & SIRC 97, 1997.

[3] Bak P, Mill A. Three Dimensional Representation in a Geoscientific Resource Management System for the Minerals Industry[C]. In Three Dimensional Applications in Geographic Information Systems. Taylor & Francis, 1989.

[4] Barequet G, Shapiro M. Piecewise-linear Interpolation Between Polygonal Slices[C]. Proc 10th Ann ACM Symp on Computational Geometry (SoCG), 1994.

[5] Bayer E, Dooley K. New Techniques for the Generation of Subsurface Models[C]. In The 22nd Annual Offshore Technology Conference. Houston, Texas, 1990.

[6] Bhanu Hariharan, Srinivas Aluru. Efficient Parallel Algorithms and Software for Compressed Octrees with Applications to Hierarchical Methods [J]. Parallel Computing,2005(31):311-331.

[7] Brunet P, Navazo I. Solid Representation and Operation Using Extended Octree[J]. ACM Transactions on Graph Lcs. 1990,9(2):170-197.

[8] Bunge W. Theoretical Geography[M]. Lund:Lund Studies in Geography, 1966.

[9] Xu C, Dowd P A. Optimal Construction and Visualisation of Geological Structures[J]. Computers & Geosciences,2003,29(6):761-773.

[10] Saona-VaH zquez1 * C, Navazo I, Brunet P. The Visibility Octree: A Data Structure for 3D Navigationq[J]. Computers & Graphics, 1999 (23):635-643.

[11] Chen X Y, Murai S. Analysis and Visualization of 3D Geospatial Data by Using Delaunay Tetrahedral Tessellation[J]. http://www. gisdevelopment. net/aars/acrs/1999/ts4/ts4124pf. htm, 1999.

[12] Chen X Y, Takeshi D, Mitsuru N. A Workstation for Three-dimensional Spatial Data Research[C]. In Proceedings Towards Three Dimensional, Temporal and Dynamic Spatial Data Modeling and Analysis, 1995.

[13] Chien C H, Aggarwal J K. Volume/surface Octree for the Representation of Three-dimensional Objects[C]. Computer Vision, Graphics, and Image Processing, 1986.

[14] Christiansen H N, Sederberg T W. Conversion of Complex Contours Line Definition into Polygonal Element Mosaics[J]. Computer Graphics, 1978, 12(3): 187-192.

[15] Conraud J. Lazy Constrained Tetrahedralization[C]. The 4th Annual International Meshing Roundtable, 1995.

[16] Cook L T, Cook, P N, et al. An Algorithm for Volume Estimation Based on Polyhedral Approximation[J]. IEEE Trans. Biomed. Eng. , EME-27, 9, 1980:493-500.

[17] Ayala D, Brunet P, Juan R, et al. Object Representation by Means of Nonminimal Division Quadtrees and Octrees[J]. ACM Transactions on Graphics, 1985, 4(1):41-59.

[18] Ekoule A B, Peyri F C, Odet C L. A Triangulation Algorithm from Arbitrary Shaped Multiple Planar Contours[J]. ACM Transactions on Graphics, 1991, 10(2):182-199.

[19] Fisher T R, Wales R Q. 3D Solid Modeling of Sandstone Reservoirs Using NURBS[J]. Geobyte 1990, 5 (1), 39-41.

[20] Fothering Hamas, Charlton M, Brunsdon C. The Geography of Parameter Space on Investigation of Spatial Non-stationarity[J]. INTJ Geographical Information Systems, 1996, 10(5):605-627.

[21] Fuchs H, Kedem Z, et al. Optimal Surface Reconstruction from Planar

Contours[J]. Communications of the ACM, 1977,20: 693-702.

[22]Goodchild M F. Geographic Information Science[J]. International Journal of Geographic Information Science, 1992, 6(1): 31-45.

[23]Medelll'n * H, Corney J, Davies J B C, et al. Algorithms for the Physical Rendering and Assembly of Octree Models[J]. Computer-Aided Design,2006(8):69-85.

[24]Haining R. Spatial Data Analysis in the Social and Environmental Sciences[M]. GreatBritain: Cambridge University Press,1990:291-312.

[25]Homepage of DataMine, http://www. datamine. co. uk.

[26]Homepage of DataMine, http://www. datamine. co. uk.

[27]Homepage of Earthworks, http://www. earthworks. com. au.

[28]Homepage of Geocom, http: // www. geocom. com.

[29]Homepage of GOCAD, http:// www. Ensg. inpl-nancy. fr/GOCAD.

[30]Homepage of Lynx Geosystems, http://www. lynxgeo. com.

[31]Homepage of Maptek, http://www. maptek. com. au.

[32]Homepage of Maptek, http://www. maptek. com. au.

[33]Homepage of Mincom, http://www. mincom. com.

[34]Homepage of Mincom, http://www. mincom. com.

[35]Homepage of Surpac, http://www. surpac. com. cn.

[36]Homepage of Surpac, http://www. surpac. com. cn.

[37]Homepage of Vulcan, http:// www. vulcan3d. com.

[38]Houlding S W. Practical Geostatistics: Modeling and Spatial Analysis [M]. Berlin: Springer, 2000.

[39]Houlding S W. 3D Geoscience Modeling—Computer Techniques for Geological Characterization[M]. New York: Springer Verlag, 1994.

[40]Houlding, S W. The Application of New 3-D Computer Modeling Techniques to Mining [C]//Turner Keith A. Three-dimensional Modeling with Geoscientific Information Systems. Proceeding of the NATO Advanced Research Workshop,December 10-19,1989,Santa Barbara,California,U. S. A. Netherlands: Kluwer Academic Publisher, 1992:303-325.

[41]http://www. 3dmine. com. cn.

[42] http://www. csdn. net.

[43] http://www. diminetraining. com.

[44] http://www. gisforum. net.

[45] http://www. otitan. com.

[46] http://www. vckbase. com. cn.

[47] Flaherty J E, Loy R M, Shephard M S, et al. Adaptive Local Refinement with Octree Load Balancing for the Parallel Solution of Three-dimensional Conservation Laws[J]. Journal of Parallel and Distributed Computing,1997(47):139-152.

[48] Voros J. A strategy for Repetitive Neighbor Finding in Octree Representations[J]. Image and Vision Computing,2000(18): 1085-1091.

[49] Journel AG,Huijbregts Ch. 矿业地质统计学[M]. 侯景儒,黄竞先,译,北京:冶金工业出版社,1982.

[50] Kavouras M. A Spatial Information System with Advanced Modeling Capabilities[C]// Turner A K. Three-dimemsional Modeling with Geoscientific Information Systems. Proceeding of the Advanced Reeach Workshop, December 10-19, 1989, Santa Barbara, Cahifornia, USA. Netherlands:Kluwer Academic Publisher, 1992:59-67.

[51] Keppel E. Approximating Complex Surface by Triangulation of Contour Lines[J]. IBM Journal of Research and Development,1975,19:2-11.

[52] Lattuada R, Johnatan Raper. Application of 3D Delaunay triangulation algorithms in geoscientific modeling[C]. Inst for Animal Helth,1994.

[53] Li R. Data Structure and Application Issues in 3-D Geographic Information Systems[J]. Geomatic, 1994, 48(3): 209-224.

[54] Kelly M. Developing Coal Mining Technology for the 21th Century [J]. Mining Sci. & Tech. ,1999:3-7.

[55] MacEachren A M, Buttenfield B P, Campbell J B,et al. Visualization [M]//Abler R F,Marcus M G,Olson J M. Geography's Inner Worlds. New Jersey:Rutgers University Press,1992:99-137.

[56] Meacher D. Geometric Modeling Using Octree Encoding [J]. Computer Graphics and Image Processing 1982,19 (2): 129-147.

[57] Meyers D, Skinner S. Surfaces from Contours[J]. ACM Transactions on

Graphics, 1992,11(3): 228-258.

[58] Moleanaar M A, et al. Advanced Geographic Data Modeling[J]. Publications on Geodesy, 1994 (40): 129-140.

[59] Molenaar M A. Formal Data Structure for 3D Vector Maps[C]. Proceedings of EGIS'90 Amsterdam, 1990.

[60] Oosterom P, Stoter J E, Zlatanova S, et al. The Balance Between Geometry and Topology[C]. International Symposium on Spatial Data handling 10th. 2002.

[61] Peter V. Kochunov, Jack L. Lancaster, Peter T. Fox. Accurate High-Speed Spatial Normalization Using an Octree Method[J]. NeuroImage, 1999(10):724-737.

[62] Pflug R, Klein H, Ramshorn C H, et al. 3D Visualization of Geological Structures and Processes[C]. Lecture Notes in EarthSciences 41. Berlin: Springer, 1992.

[63] Pigot S. Topological Models for 3D Spatial Information Systems[C]. In Proceedings of Auto-Carto, 1991.

[64] Krishnan B, DAS A, Gurumoorthy B. Octree Encoding of B-Rep Based Objects[J]. Computers & Graphics, 1996,20(1):107-114.

[65] Li R. 3D Data Structrue and Application in Geological Subsurface Modeling: International Archives of Photogrammetry and Remote Sensing [J]. Geomatic,1996,31(4):508-513.

[66] Raper J F. A 3-Dimensional Geoscientific Mapping and Modeling System: A Conceptual Design[C]. In Three Dimensional Applications in Geographical Information Systems, London: Taylor and Francis, 1989: 11-19.

[67] Robert Juan-Arinyo, Jaume Solé. Constructing Face Octrees from Voxel-based Volume Representations [J]. Computer-Aided Design, 1995, 27 (10):783-791.

[68] Scott B. Berger, Donald Reis. Supercomputer Algorithms for Efficient Linear Octree Encoding of Three-dimensional Brain Images[J]. Computer Methods and Programs in Biomedicine 1995(46):113-119.

[69] Wenzhong Shi. A Hybrid Model for Three-dimensional GIS[J]. Geoin-

formatics,1996(1):400-409.

[70]Trenberth I,Kevin E. Climate System Modelling [M]. Cambridge:Cambridge University Press,1992.

[71]Utpal Roy,Yao Xian Xu. 3-D Object Decomposition with Extended Octree Model and Its Application in Geometric Simulation of NC Machining [J]. Robotics and Computer-Integrated Manufacturing,1998(14):317-327.

[72]Waston D F. Computing the n-dimensional delaunay Tessellation with Application to Voronoi Polytopes [J]. The Computer Journal, 1981,24 (2):167-172.

[73]WU Lixin,SHI Wenzhong. GTP-based Integral Real 3D Spatial Model for Engineering Excavation GIS[J]. Geo-spatial Information Science(Quarterly),2004(6):123-128.

[74]Xue Yu Mi,Jia Hongmei, Zhang Peng,et al. Path Planning of Road Hazardous Material Transportation Based on TransCAD[J]. International Journal of Digital Content Technology and Its Applications. 2012(6): 232-239.

[75]Yao Hong,Jiang D. Set Operations Between Linear Octrees[J]. Computer. & Graphics, 1996,22(5):509-516.

[76]Zheng Y, Lewis R W, Gethin D T. Three-dimensional Unstructured Mesh Generation:Part2. Surface Meshes[J]. Computer Methods in Applied Mechanincs and Engineering, 1996, 134:269-284.

[77]Donald D. Hearn, M. Pauline Baker. 计算机图形学[M].蔡士杰,宋继强,蔡敏,等,译. 北京:电子工业出版社,2012.

[78]3DMine——推动三维矿业软件的国产化[J].中国矿业,2008,05: 70.

[79]阿列尼切夫 B M,弗拉基米罗夫 A N.菱镁矿股份公司露天采矿工程计划编制自动化[J].国外金属矿山,1995(12):70-74.

[80]艾廷华,郭宝辰,黄亚峰. 1:5 万地图数据库的计算机综合缩编 [J]. 武汉大学学报(信息科学版), 2005(4):297-300.

[81]白启刚,宋子岭.基于 GTP 的煤矿地质信息系统三维数据模型研究 [J].微计算机信息,2010,31:199-200+191.

[82]白相志,周付根.三维形体任意剖面轮廓线的提取方法[J].中国体视学与图像分析,2006(1):63-66.

[83]北京龙软科技发展有限公司官司网,www.longruan.com.

[84]北京三地曼发布新版矿业软件.开放式结构使其成为矿业数字化建设平台[J].中国矿业,2011,(7):110.

[85]毕林.数字采矿软件平台关键技术研究[D].长沙:中南大学,2010.

[86]毕思文,殷作如,何晓群.数字矿山的概念、框架、内涵及应用示范[J].科技导报,2004(5):12-14.

[87]边馥苓.地理信息系统原理与方法[M].北京:测绘出版社,1996.

[88]蔡文军,陈虎.基于混合模型的碰撞检测优化算法研究[J].计算机与现代化,2006(7):49-52.

[89]曹国旺,高阳.我国有色矿山企业信息化现状及其出路[J].有色金属,2003,14(1):47-50.

[90]曹彤,刘臻.用于建立三维GIS的八叉树编码压缩算法[J].中国图象图形学报,2002(1):50-54.

[91]车德福,吴立新,陈学习,等.基于修正的三维建模与可视化方法[J].煤炭学报,2006(5):576-580.

[92]陈昌主,陈小松.数据压缩算法研究与设计[J].电脑与信息技术,2010,06:23-25+55.

[93]陈昌主.数据压缩算法研究与设计[D].长沙:中南大学,2010.

[94]陈光,米雪玉,李铮.基于定制生产的发货及售后服务信息化平台研究[J].物流技术,2013(5):455-457.

[95]陈红华,程朋根.一种矿山三维数据结构的研究[J].矿山测量,2001(11):32-33.

[96]陈红华,徐云和.一种地矿3维数据模型集成方法的研究[J].中国矿业,2003,12(12):60-61.

[97]陈建宏,周科平,古德生.新世纪采矿CAD技术的发展:可视化、集成化和智能化[J].科技导报,2004(7):32-34.

[98]陈建宏,周智勇,陈纲,等.基于钻孔数据的勘探线剖面图自动生成方法[J].中南大学学报(自然科学版),2005(6):486-489.

[99]陈军,刘万增,李志林,等.线目标间拓扑关系的细化计算方法[J].测绘学报,2006,35(3):255-260.

[100]陈敏,鲍旭东.由任意形状轮廓线重建三维表面的方法研究[J].计算机工程与应用,2006(12):74-92.

[101]陈鹏,孟令奎,宋杨.复杂三维空间对象的模型可视化研究[J].遥感信息,2007,4:79-82+97.

[102]陈兴海,贺云.三维矿业软件在我国应用情况综述[C].中国采选技术十年回顾与展望,2012.

[103]陈学习,王彦斌.面向煤矿应用的三维 GIS 空间数据模型研究[J].华北科技学院学报,2003,3:12-16.

[104]陈学习.基于扩展 GTP 的地质体与开挖体三维集成建模研究[D].北京:中国矿业大学,2005.

[105]陈应祥.三维 GIS 建模及可视化技术的应用研究[D].武汉:武汉理工大学,2007.

[106]陈志军,陈建国.MapGIS 环境下矿产数据快速符号化[J].武汉大学学报(信息科学版),2006,31(6):527-530.

[107]陈中原,温来祥,贾金原.基于八叉树的轻量级场景结构构建[J].系统仿真学报,2013,10:2314-2320+2336.

[108]程朋根.地矿三维空间数据模型及相关算法研究[D].武汉:武汉大学,2005.

[109]程庆.数据压缩处理的方法与技术[J].科技信息(学术版),2006,3:122-123+125.

[110]戴晟.地质体三维可视化研究与系统实现[D].上海:华东师范大学,2008.

[111]戴吾蛟,邹铮嵘.基于体素的 3DGIS 数据模型的研究[J].矿山测量,2001(1):20-22.

[112]单玉香.矢量数据压缩模型与算法的研究[D].太原:太原理工大学,2004.

[113]党倩.基于 GIS 三维可视化技术及其实现方法研究[D].南京:南京航空航天大学,2008.

[114]邓曙光,刘刚.带地质逆断层约束数据域的 Delaunay 三角剖分算法研究[J].测绘科学,2006(7):98-100.

[115]董波.数字矿山三维地质建模及可视化研究[D].北京:中国地质大学,2013.

[116]董辉.地质体三维可视化原理与方法研究[D].长沙:中南大学, 2003.

[117]杜培军,盛业华,唐宏.对建立矿区地理信息系统(MGIS)若干问题的探讨[J].地矿测绘,2000:28-30.

[118]樊红,杜道生,张祖勋.地图注记自动配置规则及其实现策略[J].武汉测绘科技大学学报,1998,24(2):154-157.

[119]樊少荣,茹少峰,周明全,等.破碎刚体三角网格曲面模型的特征轮廓线提取方法[J].计算机辅助设计与图形学学报,2005(9):2003-2009.

[120]方书敏,钱正堂,李远平.甘肃省降水的空间内插方法比较[J].干旱区资源与环境,2005(5):47-50.

[121]冯红刚,王李管,毕林.基于DIMINE软件的三维可视化技术及其工程应用[J].矿业工程研究,2010,3:7-10.

[122]付春英.三维包装CAD系统几何造型的研究与实现[D].西安:西安理工大学,2003.

[123]付增良,叶铭,林艳萍,等.基于层次包围盒和光线追踪的两步法碰撞检测技术[J].沈阳工业大学学报,2010,5:574-578.

[124]高春晓,刘玉树.碰撞检测技术综述[J].计算机工程与应用,2002(5):9-12.

[125]高宁波,金宏,王宏安.历史数据实时压缩方法研究[J].计算机工程与应用,2004,28:167-170+173.

[126]戈尔.数字地球——对二十一世纪人类星球的理解[J].地球信息,1998,7:8-11.

[127]龚健雅,夏宗国.矢量与栅格集成的三维数据模型[J].武汉测绘科技大学学报,1997(3):7-15.

[128]龚俊,柯胜男,朱庆,等.一种八叉树和三维R树集成的激光点云数据管理方法[J].测绘学报,2012,4:597-604.

[129]谷胜涛,李景文,刘源璋,等.面向实体的三维空间数据模型组织方法及应用[J].城市勘测,2011,4:29-31+39.

[130]顾清华.复杂矿井三维可视化生产调度系统及关键技术研究[D].西安:西安建筑科技大学,2010.

[131]郭达志,张瑜.矿区资源环境信息系统的基本内容和关键技术[J].

煤炭学报,1996,21(6).

[132]郭达志.矿体几何学——矿产资源信息系统与矿产经济学[J].四川测绘,1999(1):8-10.

[133]郭加树.空间数据仓的构建及应用[D].北京:中国石油大学,2007.

[134]郭健,李爱光,任志国,等.Visual C++空间图形可视化算法原理与实践[M].北京:测绘出版社,2012.

[135]韩国建,郭达志,金学林.矿体信息的八叉树存储和检索技术.测绘学报,1992(2):13-17.

[136]韩李涛,朱庆.一种面向对象的三维地下空间矢量数据模型[J].吉林大学学报(地球科学版),2006,4:636-641.

[137]韩李涛.地下空间三维数据模型分析与设计[J].计算机工程与应用,2005,32:5-7.

[138]韩李涛.三维地下空间矢量数据模型研究[C]//中国地理信息系统协会、浙江省测绘局.中国地理信息系统协会第九届年会论文集.中国地理信息系统协会、浙江省测绘局,2005:9.

[139]韩瑞栋.煤矿三维可视化系统关键技术研究与实现[D].青岛:山东科技大学,2007.

[140]何金国,查红彬.基于BPLI从二维平行轮廓线重建三维表面的新算法[J].北京大学学报(自然科学版),2003(5):399-411.

[141]何俊,戴浩,谢永强,等.一种改进的快速Delaunay三角剖分算法[J].系统仿真学报,2006(11):3055-3057.

[142]何满潮,刘斌,徐能雄.工程岩体三维可视化构模系统的开发[J].中国矿业大学学报,2003(1):38-41.

[143]何全军.三维可视化技术在地理信息系统中的应用研究[D].长春:吉林大学,2004.

[144]贺明贵.Micromine三维矿业软件应用实例研究[J].中国新技术新产品,2013,17:33-35.

[145]洪振刚.三维地质体建模可视计算及并行化的研究与应用[D].成都:成都理工大学,2010.

[146]侯景儒,黄竞先.地质统计学在固体矿产资源/储量分类中的应用[J].地质与勘探,2001,37(6):61-66.

[147]侯景儒,尹镇南,李维明,等.实用地质统计学[M].北京:地质出版

社,1998.

[148]侯运炳,冯述虎,陈文刚,等.北铭河矿山建设项目计算机管理系统的开发与应用[J].黄金科学技术,1999(8):5-8.

[149]胡建明.3DMine 矿业软件在地勘工作中的应用[J].矿产勘查,2010,1:78-80.

[150]胡建明.三维矿山数字化软件的应用和发展方向[J].金属矿山,2008,1:97-99.

[151]胡建明.三维矿业软件应用的实践意义[N].中国矿业报,2013-01-08B03.

[152]胡金星.面向海量空间信息的虚拟 GIS 研究[D].北京:北京大学,2003.

[153]胡小红,刘奕伶.基于建立 3DGIS 的八叉树压缩算法的研究与改进[J].科技广场,2008,7:93-95.

[154]黄红华,谭云婷,吴鹏.基于 ARCGIS 二次开发的图斑综合研究[J].科技资讯,2009(31):1.

[155]黄辉,陆利忠,闫镔,等.三维可视化技术研究[J].信息工程大学学报,2010,2:218-222+247.

[156]惠俊刚.地质体三维建模与可视化技术研究[D].西安:陕西师范大学,2008.

[157]贾超,聂绍珉,陈飞,等.断层图像轮廓表面的重构算法[J].机械工程学报,2005(11):199-202.

[158]姜华,秦德先,陈爱兵,等.国内外矿业软件的研究现状及发展趋势[J].矿产与地质,2005,04:422-425.

[159]姜在炳.煤矿地质测量空间信息系统及其关键技术[J].煤炭科学技术,2004,(7):13-15.

[160]蒋京名,王李管.DIMINE 矿业软件推动我国数字化矿山发展[J].中国矿业,2009,10:90-92.

[161]焦健,曾琪明.制图综合与地理信息综合链[J].地球信息科学,2003(2):36-38.

[162]荆永滨.矿床三维地质混合建模与属性插值技术的研究及应用[D].长沙:中南大学,2010.

[163]康健超,康宝生,冯筠,等.基于八叉树编码的 CUDA 光线投射算法

[J].西北大学学报(自然科学版),2012,1:36-41.

[164]康来.大规模 GIS 数据三维可视化关键技术研究[D].长沙:国防科学技术大学,2008.

[165]况代智,程朋根,车建仁.地质三维体重构的算法研究及其计算机实现[J].北京测绘,2004(4):15-18.

[166]雷建明.地矿三维可视化研究[D].长沙:中南大学,2008.

[167]李滨,王青山,冯猛.空间数据库引擎关键技术剖析[J].信息工程大学测绘学院报,2003,20(1):35-38.

[168]李灿辉.基于八叉树的三维地质建模系统设计研究[J].微计算机信息,2012,10:488-490.

[169]李灿辉.基于八叉树的三维地质建模与自动绘图技术研究[D].长沙:湖南大学,2010.

[170]李春开,庞明勇.基于八叉树的四面体网格生成算法[J].微计算机信息,2010,24:174-175+52.

[171]李春民,李仲学,王云海,等.基于移动立方体法的矿体三维绘制技术[J].矿业研究与开发,2006(3):71-73.

[172]李翠平.面向地矿工程的体视化技术及其应用[D].北京:北京科技大学,2002.

[173]李德,王李管,毕林,等.我国数字采矿软件研究开发现状与发展[J].金属矿山,2010,12:107-112.

[174]李德,曾庆田,汪德文,等.三维可视化矿业软件综合应用技术研究[C]//山西省有色金属学会,河南省有色金属学会,等.合作 发展 创新——2008(太原)首届中西部十二省市自治区有色金属工业发展论坛论文集,2008:5.

[175]李德,曾庆田,汪德文,等.三维可视化矿业软件综合应用技术研究[J].采矿技术,2009,01:19-23.

[176]李德仁,李清泉.论地球空间信息科学的形成[J].地球科学进展,1998,13(4):319-326.

[177]李德仁,李清泉.一种三维 GIS 的混合数据结构[J].测绘学报,1997,26(2):128-133.

[178]李德仁.论"GEOMATICS"的中译名[J].测绘通报,1998,7:15-17.

[179]李芳玉.基于栅格的三维 GIS 空间分析若干关键技术研究[D].北

京：北京大学，2004.

[180] 李赋屏，蔡劲宏，任建国. 矿业软件在矿产储量评价中的应用[J]. 桂林工学院学报，2005，1:26-30.

[181] 李辉，殷国华，雷鸣，等. 三维 GIS 数据模型及应用研究[J]. 中国西部科技，2008，2:3-4.

[182] 李军. 三维 GIS 空间数据模型及可视化技术研究[D]. 长沙：国防科学技术大学，2000.

[183] 李军，徐波，等. OpenGL 编程指南[M]. 北京：机械工业出版社，2012.

[184] 李梅，毛善君，马蔼乃. 平行轮廓线三维矿体重建算法[J]. 计算机辅助设计与图形学学报，2006(7):1017-1021.

[185] 李梅. 灰色地理信息灰色理论与关键技术研究[D]. 北京：北京大学，2005.

[186] 李清泉，李德仁. 三维空间数据模型集成的概念框架研究[J]. 测绘学报，1998，4:46-51.

[187] 李清泉. 基于混合数据结构的三维 GIS 数据模型和空间分析研究[D]. 武汉：武汉测绘科技大学，1998.

[188] 李新，程国栋，卢玲. 空间内插方法比较[J]. 地球科学进展，2000(6):260-265.

[189] 李学锋，谢长江，段希祥. 我国矿山信息化现状及发展途径探讨[J]. 矿业研究与开发，2004，24(6):66-68.

[190] 李艳，王恩德，鲍玉斌，等. 基于钻孔数据的矿体三维可视化研究与实现[J]. 沈阳工业大学学报，2005(8):418-421.

[191] 李一帆，李枫，王慧萍. 三维可视化技术在矿山工程中的应用[J]. 中国钨业，2009，1:24-28.

[192] 李裕伟. 我国矿业信息化的若干问题[J]. 有色冶金设计与研究，2002，23(4):14-18.

[193] 李志林，朱庆. 数字高程模型[M]. 北京：科学出版社，2000.

[194] 厉金龙. 基于 Surpac 的三维地质建模及可视化研究[D]. 重庆：重庆大学，2011.

[195] 梁鹏帅，冯冬敬. 三维可视化的研究现状和前景[J]. 科技情报开发与经济，2009，7:134-135+147.

[196]林晓梅,裴建国,牛刚,等.医学图像三维重建方法的研究与实现[J].长春工业大学学报(自然科学版),2005(9):225-228.

[197]刘海新,刘惠德,王雨,等.基于SuperMap的矿图数字化[J].山东煤炭科技,2006,(32):34-35.

[198]刘继友.地质体三维可视化研究与应用[D].大庆:大庆石油学院,2005.

[199]刘家康,辛静.人体医学图像三维表面重构的实现[J].计算机工程与应用,2002(14):245-246.

[200]刘俊荷.矿图[M].北京:煤炭工业出版社,2011.

[201]刘桥喜.灰色地理空间信息共享与协作模型研究——以煤矿地理空间信息为例[D].北京:北京大学,2004.

[202]刘慎权,李华,唐卫清,等.可视化技术及其发展前景述评[J].CT理论与应用研究,1995,1:7-9.

[203]刘晓红,李树军,朱颖,等.Delaunay三角网增点生长构造法研究[J].海洋测绘,2005(5):48-50.

[204]刘亚川,周叶.矿区三维可视化技术研究[J].铁道勘察,2004,4:11-15.

[205]刘亚静,李梅,宋利杰,等.基于面向对象思想的矿体三维数据模型[J].辽宁工程技术大学学报(自然科学版),2012,4:437-440.

[206]刘亚静,李梅,王政.面向金属矿山的矿体三维构模系统开发[J].金属矿山,2012,2:105-107.

[207]刘亚静,李梅,姚纪明.多分辨率扩展八叉树矿体建模研究[J].煤炭科学技术,2006,8:57-60.

[208]刘亚静,李梅,姚纪明.三维普通克里格插值建立非层状矿体块段模型的研究[J].金属矿山,2008,7:92-95+99.

[209]刘亚静,李梅.表面-体元一体化矿体三维模型算法研究及其实现[J].工矿自动化,2013,9:63-67.

[210]刘亚静,毛善君,郭达志,等.基于VC~(++)和OpenGL的矿体三维可视化系统研发[J].煤炭工程,2006,5:100-102.

[211]刘亚静,毛善君,姚纪明.基于SVA一体化的非层状矿体空间构模研究[J].煤炭学报,2008,5:522-526.

[212]刘亚静,姚纪明,李梅等.非层状矿体构模关键技术研究[J].湖南

科技大学学报(自然科学版),2007,4:19-22.

[213]刘艺,黄德镛.浅谈我国矿业软件的发展[J].矿冶,2012,1:77-79.

[214]鲁爱东,唐龙,徐玉华.一种基于轮廓线的三维表面模型的快速切割算法[J].计算机工程与应用,2001(19):98-100.

[215]陆琰.地质体三维可视化技术研究与实现[D].石家庄:石家庄经济学院,2010.

[216]吕广宪,潘懋,王占刚,等.面向体数据的虚拟八叉树模型研究[J].计算机应用,2006(12):2856-2859.

[217]吕科,耿国华,康宝生,等.三维轮廓曲线的快速匹配方法[J].工程图学学报,2002(4):54-59.

[218]吕亚楠.地质体三维可视化应用研究[D].西安:长安大学,2010.

[219]吕志慧.地理信息三维可视化系统应用研究[D].郑州:郑州大学,2002.

[220]马智民,陈浩,王金玲.三维 GIS 的线性八叉树数据结构研究[J].西安工程学院学报,1999,9(55-61)增刊.

[221]毛善君,刘桥喜,马蔼乃,等."数字煤矿"框架体系及其应用研究[J].地理与地理信息科学,2003,19(4):56-59.

[222]毛善君.煤矿地理信息系统数据模型的研究[J],测绘学报,1998,27(4):334-335.

[223]毛善君.灰色地理信息系统——动态修正地质空间数据的理论和技术[J].北京大学学报(自然科学版),2002(4):556-559.

[224]缪志宏.数据压缩算法的实现研究[D].杭州:浙江大学,2007.

[225]南格利.矿体线框模型及其建立方法[J].有色矿山,2001,30(5):1-4.

[226]牛文杰.三维数据场可视化克里格建模及其算法的理论和应用研究[D].北京:北京航空航天大学,2002.

[227]潘勇,龚玉荣.矿山地质对象的三维数据模型研究[J].数字技术与应用,2011,12:82.

[228]潘振宽,李建波.基于压缩的 AABB 树的碰撞检测算法[J].计算机科学,2005(2):213-215.

[229]裴传广,胡建明.开发应用具有中国特色的矿业软件势在必行[J].中国矿业,2007,10:110-113.

[230] 祁民. 基于地球物理场的地质体三维可视化[D]. 北京:中国科学院大气与物理研究所,2006.

[231] 齐安文. 一种新的三维地学空间构模方法——类三棱柱法[J]. 煤炭学报,2002,27(2):158-163.

[232] 潜陈懿. 矢量地图格式中数据压缩技术的研究与实现[D]. 杭州:浙江工商大学,2009.

[233] 秦绪佳. 医学图像三维重建及可视化技术研究[D]. 大连:大连理工大学,2001(6).

[234] 曲中财. 地质体三维空间数据模型研究[D]. 西安:长安大学,2008.

[235] 僧德文,李仲学,李春民. 空间数据插值算法与矿体形态模拟的研究[J]. 矿业研究与开发,2005(6):67-69.

[236] 僧德文,李仲学,李春民,等. 矿床的三维可视化仿真技术与系统[J]. 北京科技大学学报,2004,5:453-456.

[237] 僧德文. 地矿工程三维可视化仿真技术及其集成实现[D]. 北京:北京科技大学. 2005.

[238] 邵维忠,杨芙清. 面向对象的系统分析[M]. 清华大学出版社,1998.

[239] 沈雅芬,金曦东. 一类多面体体积公式的探求[J]. 数学通讯,2006(4):87-88.

[240] 盛业华,唐宏,杜培军. 线性四叉树快速动态编码及其实现[J]. 武汉测绘科技大学学报,2000(8):324-328.

[241] 宋涛,欧宗瑛,刘斌. 八叉树编码体数据的快速体绘制算法[C]//邱天爽. 大连理工大学生物医学工程学术论文集(第22卷). 大连:大连理工大学出版社,2005:7.

[242] 宋扬. 基于矢量栅格一体化的三维空间数据生成和组织[D]. 北京:北京大学,2004.

[243] 宋振骐. 中国科协第86次青年科学家论坛——数字矿山战略与未来发展大会发言[R]. 2004,4.

[244] 孙洪泉. 地质统计学及其应用[M]. 徐州:中国矿业大学出版社,1990.

[245] 孙连英. 可视化技术在矿业工程中的应用[J]. 北京联合大学学报(自然科学版),2007,3:23-27.

[246] 孙璐,戴晓江. 建立矿山三维模型中3Dmine矿业软件的应用[J].

中国非金属矿工业导刊,2011,1:60-62.

[247]孙敏.基于四面体格网的3维复杂地质体重构[J].测绘学报,
2002,31(4):361-365.

[248]孙敏.论三维地理信息系统[R].北京:中科院遥感所虚拟地理环境
实验室,1999.

[249]孙艳军,张二林.地理信息系统中制图综合问题的探讨[J].科技
信息,2009(20):554-556.

[250]孙玉建.以地质统计学为基础的矿业软件在中国的历史和现状
[J].中国矿业,2007,11:79-82.

[251]孙家广.计算机图形学[M].北京:清华大学出版社,1998.

[252]谭得健,徐希康,张申.浅谈自动化、信息化与数字矿山[J].煤炭
科学技术,2006,34(1).

[253]谭仁春.GIS中三维空间数据模型的集成和应用[J].测绘工程,
2005(3):63-66.

[254]谭泽琼.三维GIS空间数据模型发展现状[J].企业技术开发,
2011,20:79-80.

[255]唐宏,盛业华,杜培军.基于十进制Morton码的线性四叉树动态编
码方法研究[J].江苏测绘,1999(9):11-13.

[256]田素垒,张志毅,陈敏,等.四面体网格生成方法的研究与实现[J].
计算机工程与设计,2012,11:4416-4421.

[257]王净,江刚武.无拓扑矢量数据快速压缩算法的研究与实现[J].
测绘学报,2003(5):173-177.

[258]王宝山,冯永玉.基于控件的矿山地理信息系统应用软件开发[J].
辽宁工程技术大学学报,2005,24(4):504-507.

[259]王宝山.煤矿虚拟现实系统三维数据模型和可视化技术与算法研
究[D].郑州:中国人民解放军信息工程大学,2006.

[260]王彬,陈慧明,郝建国,等.数字矿山之三维可视化技术[J].煤矿现
代化,2010,3:63-64.

[261]王兵.面向对象三维GIS及可视化研究[D].西安:西安电子科技大
学,2009.

[262]王恩德,李艳,鲍玉斌.矿体三维可视化建模技术[J].东北大学学
报(自然科学版),2005(9):890-892.

[263] 王恩德,孙立双,蔡洪春,等.矿体三维数据模型及品位插值方法研究[J].地质与资源,2007,3:222-225.

[264] 王国权,朱振玉,卜小平.数据压缩技术的应用与研究[J].煤矿机械,2003,2:35-36.

[265] 王慧.3DMine 矿业软件在地勘业得到广泛运用[N].中国有色金属报,2009-03-28(7).

[266] 王家耀,钱海忠.制图综合知识及其应用[J].武汉大学学报(信息科学版),2006(5):382-386.

[267] 王明华,刘博卿.基于矿山地质对象的三维数据模型研究[J].科技与企业,2013,1:293.

[268] 王鹏远.八叉树模型的改进及其实体表示方法[J].郑州轻工业学院学报(自然科学版),2005(11):61-63.

[269] 王青,吴惠城.数字矿山的功能内涵及系统构成[J].中国矿业,2004,(1).

[270] 王润怀.矿山地质对象三维数据模型研究[D].成都:西南交通大学,2007.

[271] 王世东.一种使用八叉树存储三角网格图元的算法[J].安徽建筑工业学院学报(自然科学版),2008,5:108-110.

[272] 王妍.基于钻孔数据的三维地质建模及可视化系统 3DGMS 的研究与开发[D].焦作:河南理工大学,2009.

[273] 王彦兵.基于 TIN 耦合的城市地上下三维空间无缝集成建模研究[D].北京:中国矿业大学,2005.

[274] 王勇.三维空间矢量数据生成算法研究及原型系统实现[D].北京:北京大学,2000.

[275] 王媛媛,丁毅,孙媛媛,等.数据可视化技术的实现方法研究[J].现代电子技术,2007,4:71-74.

[276] 王政权.地质统计学及在生态学中的应用[M].北京:科学出版社,1999.

[277] 毋河海.地图信息的自动综合[J].测绘通报,2001(1):45.

[278] 毋河海.基于扩展分形的地图信息自动综合研究[J].地理科学进展,2001(S1):14-28.

[279] 毋河海.自动综合的结构化实现[J].武汉测绘科技大学学报,

1996（3）：79-87.

[280] 吴道政，毛善君，李鑫超. 基于龙软 GIS3. 0 的煤矿空间数据库架构设计［J］. 煤炭科学技术，2009，37（4）：94-97.

[281] 吴德华，毛先成，刘雨. 三维空间数据模型综述［J］. 测绘工程，2005，3：70-73+78.

[282] 吴斐. 数字矿山中三维空间数据模型及其应用研究［D］. 北京：中国科学院研究生院（遥感应用研究所），2006.

[283] 吴观茂，黄明，李刚，等. 三维地质模型与可视化研究的现状分析［J］. 测绘工程，2008，2：1-5.

[284] 吴慧欣. 三维 GIS 空间数据模型及可视化技术研究［D］. 西安：西北工业大学，2007.

[285] 吴健生，黄浩，杨兵，等. 新疆阿舍勒铜锌矿床三维矿体模拟及资源评估［J］. 矿产与地质，2001（4）：120-123.

[286] 吴健生，王仰麟，曾新平，等. 三维可视化环境下矿体空间数据插值［J］. 北京大学学报（自然科学版），2004（7）：635-641.

[287] 吴军. 三维可视化地质建模软件系统研制［D］. 成都：成都理工大学，2009.

[288] 吴立新，刘纯波，等. 试论发展我国矿业地理信息系统的若干问题［J］. 矿山测量，1998，（4）：48- 511.

[289] 吴立新，陈学习，史文中. 基于 GTP 的地下工程与围岩一体化真三维空间构模［J］. 地理与地理信息科学，2003（11）：1-6.

[290] 吴立新，沙从术. 真三维地学模拟系统与水利工程应用［J］. 南水北调与水利科技，2003（4）：20-25.

[291] 吴立新，史文中，Christopher Gold. 3DGIS 与 3DGMS 中的空间构模技术［J］. 地理与地理信息科学，2003（1）：5-11.

[292] 吴立新，史文中. 地理信息系统原理与算法［M］. 北京：科学出版社，2003.

[293] 吴立新，殷作如，邓智毅，等. 论 21 世纪的矿山——数字矿山［J］. 煤炭学报，2000，25（4）：337-342.

[294] 吴立新，张瑞新，戚宜欣等. 3 维地学模拟与虚拟矿山系统［J］. 测绘学报，2002（1）：28-33.

[295] 吴松峻，彭复员. 基于 VTK 的二维轮廓线的三维可视化重建［J］.

计算机与现代化,2004(10):111-113.

[296]吴信才,童恒建.三维地理信息系统数据模型的设计[J].计算机工程,2004(3):94-95.

[297]吴亚东,刘玉树.三维模型轮廓线抽取算法[J].中国图象图形学报,2001(2):191-194.

[298]吴艳.基于八叉树遍历的几何压缩[D].北京:中国科学院研究生院(软件研究所),2005.

[299]吴元君,张婷.数据压缩技术的原理及其实现[J].电脑知识与技术,2009,11:2998-2999+3005.

[300]伍军.散乱点云表面重建技术的研究与开发[D].上海:上海交通大学,2008.

[301]武强,徐华.三维地质建模与可视化方法研究[J].中国科学 D 辑地球科学,2004(1):54-60.

[302]夏萍.数据压缩技术的研究[D].太原:中北大学,2010.

[303]向波.基于数据压缩的信息检索技术的研究[J].煤炭技术,2012,11:189-191.

[304]肖乐斌,钟耳顺,刘纪远,等.三维 GIS 的基本问题探讨[J].计算机图形图象学报,2001,6(9)842-848.

[305]肖英才.基于 DIMINE 软件工程实体建模与设计方法研究[D].长沙:中南大学,2012.

[306]熊伟.煤矿虚拟环境的巷道几何建模及关键算法研究[J].测绘通报,2003,(8):15-21.

[307]徐绘宏.面向海量栅格数据的地学三维 GIS 可视化系统框架和关键技术研究[D].北京大学,2006.

[308]徐慧.实时数据库中数据压缩算法的研究[D].杭州:浙江大学,2006.

[309]徐锦法,李小石,王惠南.三维图像数据压缩算法与实现研究[J].南京航空航天大学学报,2003,5:510-515.

[310]徐社美,董娜.三维可视化建模的研究现状[J].中国水运(下半月),2008,9:105-107.

[311]许莉.可视化技术的发展及应用[J].中国教育技术装备,2008,24:134-135.

［312］薛志伟.基于 DEM 化简的等高线综合研究［D］.郑州:中国人民解放军信息工程大学,2012.

［313］向世明.OpenGL 编程与实例［J］.北京:电子工业出版社,1999.

［314］杨芙清,梅宏,李克勤.软件复用与软件构件技术［J］.电子学报,1999,27(2):18-19.

［315］杨利容.复杂矿体结构三维建模与储量计算方法研究［D］.成都:成都理工大学,2013.

［316］杨三女,李定平.基于 OpenGL 条件随机模拟三维模型可视化［J］.云南地质,2003(22):116-119.

［317］杨崴.一种视觉相关的三维图形几何压缩传输算法［J］.计算机应用,2005(3):601-602.

［318］杨勇,张海涛,刘军晓.Surpac 矿业软件在焦家金矿采矿技术中的应用［J］.黄金科学技术,2009,4:58-61.

［319］姚长青.基于地统计学的三维空间数据插值方法及其应用研究［D］.长春:东北师范大学,2000(5).

［320］姚南生,屈景怡.一种双向层间轮廓线线性插值方法［J］.微机发展,2004(4):28-30.

［321］叶倩,张俊兰,冯雄伟.浅析数据压缩技术［J］.延安大学学报(自然科学版),2008,4:29-33.

［322］易善桢,李琦.3D-GIS 数据表示和空间插值方法研究［J］.中国图象图形学报,1999(8):697-701.

［323］于翔.数据压缩技术分析［J］.青海大学学报(自然科学版),2002,5:52-54.

［324］曾玲,饶志宏.几种数据压缩算法的比较［J］.通信技术,2002,09:12-15.

［325］曾庆田,汪德文,李德.三维矿业软件在采矿方法优选中的应用［J］.中国矿山工程,2010,4:10-12+28.

［326］张成林.数据压缩算法分析研究［J］.神州,2013,8:50-51.

［327］张海泉.基于钻孔数据的剖面生成及管理系统设计与实现［D］.北京:北京大学,2004.

［328］张剑秋,张福炎,李敏.用地震解释结果重构地质界面或地质体［J］.石油勘探,1999,38(1):69-75.

[329] 张瑾,黄勇,高祥. 国外矿业软件测试的一次成功实践[J]. 中国矿业,1999,4:59-62.

[330] 张俊兰,周锋. 数据压缩的发展历程[J]. 延安大学学报(自然科学版),2008,3:24-27.

[331] 张鹏鹏. 煤矿地理信息系统基础平台研究与原型设计[D]:北京:北京大学,2010.

[332] 张亚萍,熊华,姜晓红,等. 基于外存八叉树的大模型多分辨率并行构建[J]. 中国图象图形学报,2010,4:650-657.

[333] 张勇,纪凤欣,欧宗瑛,等. 一种由二维轮廓线重建物体表面的方法[J]. 小型微型计算机系统,2002(12):1514-1516.

[334] 张煜,白世伟. 一种基于三棱柱体体元的三维地层建模方法及应用[J]. 中国图象图形学报,2001(3):285-290.

[335] 张卓,宣蕾,郝树勇. 可视化技术研究与比较[J]. 现代电子技术,2010,17:133-138.

[336] 赵耀,袁保宗. 数据压缩讲座——数据压缩的概念及现状[J]. 中国数据通讯网络,2000,8:48-51.

[337] 赵勇. 三维地质建模及其可视化研究与实现[D]. 上海:同济大学,2005(3).

[338] 赵洲. 基于剖面的三维地质建模研究[D]. 西安:西安科技大学,2004.

[339] 郑翠芳. 几种常用无损数据压缩算法研究[J]. 计算机技术与发展,2011,9:73-76.

[340] 郑佳荣. 基于GIS的地矿三维属性场建模研究[D]. 北京:中国矿业大学,2012.

[341] 周焰,李德华,陈振羽,等. 三维物体表面三角划分的快速算法[J]. 中国图象图形学报,2000(9):764-768.

[342] 周焰,李德仁. 平面轮廓线之间的分块三角划分算法[J]. 系统工程与电子技术,2003(8):1003-1006.

[343] 周杨. 数字城市三维可视化技术及应用[D]. 郑州:中国人民解放军信息工程大学,2002.

[344] 周宇,宋亚芳. 国内外矿业软件的对比研究[J]. 企业技术开发,2011,20:74-75.

[345]周正武.地质体三维可视化方法研究[D].北京:北京大学,2001.

[346]周智勇,陈建宏,杨立兵.大型矿山地矿工程三维可视化模型的构建[J].中南大学学报(自然科学版),2008,3:423-428.

[347]朱合华,张芳,叶勇庚.基于钻孔数据重构地层周围表面模型算法[J].计算机工程与应用,2006(25):213-216.

[348]朱良峰,庄智一.城市地下空间信息三维数据模型研究[J].华东师范大学学报(自然科学版),2009,2:29-40.

[349]朱文博,毕如田,郭磐石,等.一种基于多分辨率模型简化算法的等高线自动综合方法研究[J].山西农业大学学报(自然科学版),2008,28(3):332-337.

[350]朱响斌,唐敏,董金祥.一种基于八叉树的三维实体内部可视化技术[J].中国图象图形学报,2002(5):229-233.

[351]朱小弟.TITIAN三维建模软件.北京东方泰坦科技有限公司产品资料,2001.

[352]宗跃华,彭萍,郭瑞华,等.空间插值法在地价梯度场分析中的应用[J].城市开发2005(4):39-41.

[353]邹宏.煤矿空间数据引擎的设计与实现[D].长沙:中南大学,2011.

[354]邹华,高新波,吕新荣.一种八叉树编码加速的3D纹理体绘制算法[J].西安交通大学学报,2008,12:1490-1494.

[355]邹瑞芝.基于数据压缩算法的研究[J].沿海企业与科技,2011,2:20-21+19.